应用型大学计算机专业系列教材

U0227684

# 软件过程与项目管理

邵晶波　刘晓晓　主　编
黄玉妍　唐宏维　副主编

清华大学出版社
北　京

## 内容简介

本书根据软件过程与项目管理具体操作规程,系统介绍范围管理、时间管理、成本管理、质量管理、人力资源管理、沟通管理、风险管理、配置管理、项目采购管理、项目集成管理等知识,并通过实训,强化应用技能培养。

本书知识系统,概念清晰,注重实用性和可操作性,既可以作为应用型大学和高职高专院校计算机应用、软件工程等专业的教材,也可以作为 IT 项目管理从业者的岗位培训用书,并可为广大社会计算机应用创业人员提供有益的参考和帮助。

**图书在版编目(CIP)数据**

软件过程与项目管理/邵晶波,刘晓晓主编.—北京:清华大学出版社,2019(2025.1重印)
(应用型大学计算机专业系列教材)
ISBN 978-7-302-50028-5

Ⅰ. ①软… Ⅱ. ①邵… ②刘… Ⅲ. ①软件工程—项目管理—高等学校—教材 Ⅳ. ①TP311.5

中国版本图书馆 CIP 数据核字(2018)第 080568 号

责任编辑:王剑乔
封面设计:常雪影
责任校对:袁 芳
责任印制:刘海龙

出版发行:清华大学出版社
   网  址:https://www.tup.com.cn,https://www.wqxuetang.com
   地  址:北京清华大学学研大厦 A 座   邮  编:100084
   社 总 机:010-83470000        邮  购:010-62786544
   投稿与读者服务:010-62776969,c-service@tup.tsinghua.edu.cn
   质量反馈:010-62772015,zhiliang@tup.tsinghua.edu.cn
   课件下载:https://www.tup.com.cn,010-62770175-4278
印 装 者:三河市龙大印装有限公司
经  销:全国新华书店
开  本:185mm×260mm   印  张:10.5    字  数:239 千字
版  次:2019 年 8 月第 1 版      印  次:2025 年 1 月第 6 次印刷
定  价:49.00 元

产品编号:078466-01

# PREFACE

微电子技术、计算机技术、网络技术、通信技术和多媒体技术的发展日新月异,这些技术的普及应用不仅有力地促进了各国经济发展,加速了全球经济一体化的进程,而且推动了当今世界迅速跨入信息社会。以计算机为主导的计算机文化正在深刻地影响人类社会的经济发展与文明建设;以网络为基础的网络经济正在全面改变传统的社会生活、工作方式和商务模式。当今社会,计算机应用水平、信息化发展速度与程度已经成为衡量一个国家经济发展和竞争力的重要指标。

目前,我国正处于经济快速发展与社会变革的重要时期,随着经济的转型、产业结构的调整、传统企业的改造,涌现了大批电子商务、新媒体、动漫、艺术设计等新型文化创意产业,而这一切都离不开计算机,都需要网络等现代化信息技术手段的支撑。在信息化社会,人们所有工作都已经全面实现了计算机化、网络化,当今更加强调计算机应用与行业、企业的结合,更注重计算机应用与本职工作、具体业务的紧密结合。面对国际市场的激烈竞争和巨大的就业压力,无论是企业还是即将毕业的学生,掌握计算机应用技术已成为求生存、谋发展的关键技能。

针对我国应用型大学"计算机应用"等专业知识老化、教材陈旧、重理论轻实践、缺乏实际操作技能训练的问题,为了适应我国国民经济信息化发展对计算机应用人才的需要,为了全面贯彻教育部关于"加强职业教育"精神和"强化实践实训、突出技能培养"的要求,根据企业用人与就业岗位的真实需要,结合应用型大学"计算机应用"和"网络管理"等专业的教学计划及课程设置与调整的实际情况,我们组织北京联合大学、陕西理工大学、北方工业大学、华北科技学院、北京财贸职业学院、山东滨州职业学院、山西大学、首钢工学院、包头职业技术学院、北京科技大学、广东理工学院、北京城市学院、郑州大学、北京朝阳社区学院、哈尔滨师范大学、黑龙江工商大学、北京石景山社区学院、海南职业学院、北京西城经济科学大学等全国30多所高校及高职院校的计算机教师和具有丰富实践经验的企业人士共同撰写了此套教材。

本套教材包括《数据库技术应用教程(SQL Server 2012版)》《Web 静态网页设计与排版》《ASP.NET 动态网站设计与制作》《中小企业网站建设与管理》《计算机英语实用教程》《多媒体技术应用》《计算机网络管理与安全》《网络系统集成》《Access 2010 数据库应用》《操作系统》《网页设计与制作》《计算机应用基础(Windows 8+Office 2013版)》《计算机系统组装与维护》《Java 基础程序设计》《软件过程与项目管理》《计算机导论》等。在编写过程中,全体编者注重校企结合,贴近行业企业岗位实际,注重实用性技术与应用能力的训练培养,注重实践技能应用与工作背景紧密结合,同时也注重计算机、网络、通信、多媒体等现代化信息技术的新发展,具有集成性、系统性、针对性、实用性、易于实施教学等特点。

本套教材不仅适合应用型大学及高职高专院校计算机应用、网络、电子商务等专业学生的学历教育,同时也适合工商、外贸、流通等企事业单位从业人员的职业教育和在职培训,对于广大社会自学者也是有益的参考学习读物。

**系列教材编委会**
2019 年 1 月

现代社会中有超过 90％的活动可以项目模式运作,这使得把项目管理能力融入人才培养之中已经成为必然,如今各行各业,无论是航天业、制造业、IT 业、建筑业、服务业,还是新兴的电子商务、物流业等,都在广泛使用项目管理的方法,而且效果显著,项目管理被美国《时代周刊》评为最具前景的"黄金职业"。

软件技术从最初诞生、发展,经历了从效率低、缺少交互性到面向对象,直至面向业务计算的过程。随着问题规模和复杂度的不断增加,传统的软件项目管理方法已满足不了用户的需求,软件过程的管理方法可为管理者和行业开发人员从事软件行业做充分的准备。

软件过程与项目管理是应用型大学本科和高职院校计算机应用、软件工程、计算机信息管理、电子商务等专业非常重要的专业核心课程,也是计算机相关专业常设的一门必修课,还是学生就业、从事相关工作应掌握的基本技能。通过学习该课程,学生可以了解软件过程、项目管理、管理过程、国际标准的基本概念,初步掌握项目管理的方法及工具,具备进行小型项目计划和控制的初步能力。

本书作为高等教育应用型大学计算机应用和软件工程专业的特色教材,严格按照教育部"加强职业教育、突出实践技能培养"的教学要求,针对应用型人才培养目标,既注重挖掘人的潜力,又突出实际训练和提高执行能力,力求做到"课堂讲练结合,重在掌握;课后学以致用,注重实效"。本书的出版对帮助学生尽快熟悉 IT 项目管理流程、掌握岗位技能具有特殊意义。

全书共 12 章,以学习者应用能力培养为主线,根据软件过程与项目管理具体操作规程,系统介绍范围管理、时间管理、成本管理、质量管理、人力资源管理、沟通管理、风险管理、配置管理、项目采购管理、项目集成管理等知识,并通过指导学生实训,加强实践,强化应用技能培养。

本书由李大军筹划并具体组织,邵晶波和刘晓晓担任主编,邵晶波统改稿,黄玉妍、唐宏维担任副主编,由张志才教授审定。编写分工如下:牟惟仲撰写序言;邵晶波撰写第 1 章、第 5 章、第 7 章、第 8 章;翟然撰写第 2 章;黄玉妍撰写第 3 章;唐宏维撰写第 4 章、第 12 章;蔡朝晖撰写第 6 章、第 10 章;刘晓晓撰写第 9 章;付芳撰写第 11 章和附录;李晓新进行了文字修改、版式整理、课件制作。

在本书编写过程中,我们参阅、借鉴了大量中外有关软件过程与项目管理的书刊、网站资料,并得到计算机行业协会及业界专家教授的具体指导,在此一并致谢。为方便教学,本书配有电子课件,读者可以登录清华大学出版社网站(www.tup.com.cn)免费下载使用。

因编者水平有限,书中难免有不足之处,恳请专家、读者批评、指正。

**编 者**
2019 年 2 月

# CONTENTS

# 第 1 章

# 绪　　论

## 1.1　相关概念

### 1.1.1　项目

项目是指在给定的资源条件下,按客户要求,在给定时间期限内,完成特定目标的一次性工作。项目是为实现某个组织或个人的目标而组织实施计划的一种手段。与某组织的日常运作不同,项目具有临时性、独特性和渐进性的特点。

此外,资源是指完成项目所需要的人力、物力和财力;客户是指提供资金,并确定利益相关方需求的组织或个人。

**1. 临时性**

每个项目都有确定的开始时间和结束时间。体现在合同上,就是合同有其起止日期。若项目目标已完成或确定不可完成,则该项目已到达了它的终点。临时性未必表示项目的时间一定会短,有很多项目要延续好几年,也未必表示项目提交的产品或者服务是一次性的(如一次性用具的生产),而大多数项目是为了得到持久的结果;项目所面临的机遇或市场窗口是临时性的(如奥运会成员胸牌的制作);项目组通常也是临时性的,当项目结束时,项目组也随之解散,很少有项目组的存在时间超过项目本身的。

**2. 独特性**

项目可交付的成果是独特的。项目会输出独特的产品或服务,即项目所生产的产品或服务是独一无二的。如某地的桥梁有数百座,但每座都是独特的,所有桥梁的业主、设计、地点、承建人各不相同。与之相对应,批量生产的产品则不具备独特性,如哈尔滨移动通信公司的手机通信计费服务就不属于项目。

**3. 渐进性**

项目的开发是经过项目组成员齐心协力,按要求逐步完善的过程。随着时间的推移,项目的进程不断深入,直至项目结束。

项目与日常运作的区别在于,项目是临时的,而日常运作是重复进行的;项目是以客户需求为目标,而日常运作注重效率和有效性;项目由项目经理及其团队协同工作完成,而日常运作由职能式的线性管理实现;项目存在大量的变更管理,而日常运作则基本保持持续的连贯性。

## 1.1.2　软件项目

软件项目是指在给定的资源条件下,按客户要求,在特定时间、预算内,依据规范,完成特定的软件开发目标的一系列独特的、复杂的、相互关联的活动。

除了具有项目的特征外,软件项目还具有以下特点。

（1）软件项目的产品是逻辑思维产品,不是物理实体,具有抽象性。

（2）软件项目的开发受计算机系统的限制,对硬件系统有不同程度的依赖。

（3）软件项目复杂性高,开发成本大,受很多因素制约,如图 1-1 所示。

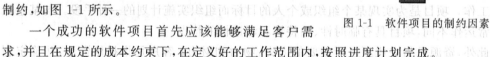

图 1-1　软件项目的制约因素

一个成功的软件项目首先应该能够满足客户需求,并且在规定的成本约束下,在定义好的工作范围内,按照进度计划完成。

## 1.1.3　项目管理

项目管理我们并不陌生,可以说我们无时无刻不在管理项目。比如,要解决生活中的一个问题、组织一次活动（集体出游、年度节日聚餐）;社会上的大项目,如"神州 5 号"飞船计划、国产操作系统开发计划等。

项目管理是以项目为对象,通过使用知识、技能、工具和方法来组织、计划、实施并监控项目,使之满足项目目标需求的过程。

项目管理主要包含两类技巧:一类是硬技能,指为实现软件项目所需组织的各类活动,包括计划管理、进度跟踪、项目控制等;另一类是软技能,指项目管理人员为提高项目成功率所必需的管理方面的技能,包括领导能力、团队建设、激励机制、沟通能力以及训练管理等。

## 1.1.4　软件过程

软件过程是指软件生存周期所涉及的开发和维护软件及其相关产品（项目计划、设计文档、代码测试用例和用户手册等）的一系列活动,主要包括"生产活动"和"管理活动"。

如图 1-2 所示,软件过程是根据输入,通过一系列活动,输出一个符合要求的新系统的过程。软件过程定义了由谁做、做什么、何时做,从而达到预期目标的过程。

图 1-2　软件过程示例

　　为了获得满足目标的软件工程,软件过程涉及工程开发、工程支持和工程管理工作。

　　软件过程大致包括 3 类:基本过程、支持过程和组织过程。

　　(1) 基本过程是指构成软件生存周期主要部分的那些过程,包括获取、供应、开发、操作、维护等过程。

　　(2) 支持过程主要是指为项目开发提供支持的一类过程,包括文档开发、配置管理、质量保证、验证过程、确认、联合评审、审计以及问题解决过程等。

　　(3) 组织过程是指用于建立、实施一种基础结构,并不断改进基础结构的过程,包括基础设施、改进过程以及培训过程。

　　有效的软件过程可以提高组织的生产能力,改善对软件的维护。软件过程的作用如下。

　　(1) 掌握软件开发的基本原则,有助于做出明智的决定。

　　(2) 软件过程可标准化软件开发工作,提高软件组织能力成熟度级别以及团队成员合作能力。

　　(3) 由于此种过程本身就是与时俱进的,可以随时吸收先进的软件开发经验,提高开发效率。

　　(4) 好的软件过程可以精确定义需求变更管理,使变更前后的软件版本之间平滑过渡。

　　(5) 软件版本之间的升级、过渡保障了软件过程本身具有可操作性,避免了软件过程的不可实施性。

　　软件过程的特点如下。

　　(1) 过程描述了所有活动。软件过程活动通常有需求分析和定义、系统设计、程序设计、编码、测试、系统支付、维护等。

　　(2) 过程在一定限制下使用资源,产生中间产品和最终产品。

　　(3) 过程由以某种方式连接的子过程构成,活动以一定的顺序组织。过程是有结构的,表现为过程和活动的组织模式,以适应相应项目的开发。

　　(4) 每个过程活动都有入口和出口准则,以便确立活动的开始和结束。

　　(5) 每个过程都有达到活动目标的相关指导原则。

## 1.1.5　软件过程管理

　　软件过程管理是指以软件项目为对象,对软件项目开发过程中所涉及的过程、人员、产品、成本和进度等要素进行度量、分析、规划、组织和控制的过程,以确保软件项目按照预计的进度完成。

　　软件项目管理除了具有一般项目管理的特点以外,还有其独特性。

1）前瞻性

相对于传统行业而言,信息技术的飞速发展要求软件行业的管理者的工作必须具有前瞻性,故前期的策划和评估等工作显得尤为重要。

2）及时性

软件项目的风险绝大多数来源于软件技术的快速变革,因而软件项目进展越缓慢,意味着技术革新带来的影响越严重,项目成功的可能性就越小,因而软件项目的风险管理很重要。

3）激励性

软件项目的主体是各类人力资源,主要包括知识型和技术型两类。为了保证项目顺利、按期交付,需要采用一定的措施调动团队人员的积极性,减少由于人员流失造成的损失,激发团队人员工作积极性和创造性。

1968 年开始,美国 IBM 开发 OS/360 系统,历时 10 年之久,该系统有约 346 万条汇编语句,平均每年投入 5000 多人,经费达数亿美元,共改版 21 次,然而结果却令人沮丧,错误多达 2000 个以上,系统根本无法正常运行⋯⋯据统计,这个操作系统每次发行的新版本都是从前一版本中找出 1000 多个程序错误而修正的结果。

这个项目的负责人 F. D. Brooks 事后总结了他在组织开发过程中的沉痛教训时说:"⋯⋯就像一只逃亡的野兽落到焦油坑中做垂死挣扎,越是挣扎,陷得越深,最后无法逃脱灭顶的灾难⋯⋯程序设计工作正像这样一个泥潭⋯⋯一批批程序员被迫在泥潭中拼命挣扎⋯⋯谁也没有料到竟会陷入这样的困境⋯⋯"数以万计的人呕心沥血,最终颗粒无收,这样的结局是难以让人接受的。于是产生了软件危机。

软件危机本质上就是软件的生产能力落后于业务发展的需要。软件开发过程随心所欲,时间规划和费用估算天马行空,管理者应对突发事件不力等原因直接导致了软件开发的失败。大型复杂的软件开发过程异常艰辛,科学的管理是提高软件生产率和保证软件质量的一个重要方法。

# 1.2　软件项目管理知识体系

## 1.2.1　软件项目管理的知识领域

软件项目管理的知识领域贯穿于软件生命周期的整个过程,如图 1-3 所示。软件项目管理的知识领域包括范围管理、时间管理、成本管理、质量管理、人力资源管理、沟通管理、风险管理、采购管理和项目集成管理。其中,范围管理、时间管理、成本管理和质量管理属于核心功能,人力资源管理、沟通管理、风险管理和采购管理属于辅助功能。

软件项目管理的知识领域回答了以下问题。

（1）为了能够成功实现项目目标,必须定义项目的内容和管理范围,即范围管理。

（2）为了能够正确实现项目目标,需要保证项目按计划、满足用户需求、在成本预算内执行,即涉及项目的时间管理、质量管理和成本管理问题。

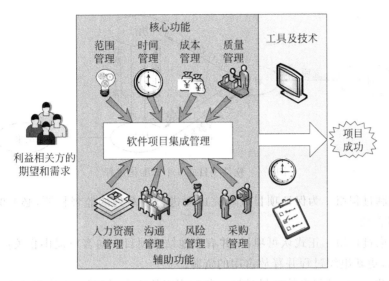

图 1-3 软件项目管理 9 个知识领域

（3）在项目执行过程中，需要投入足够的人力、物力资源，即涉及项目的人力资源管理和采购管理问题。

（4）为了保证项目顺利、按期、高质量地完成，需要协调整支项目团队成员，使大家齐心协力共同完成目标，即涉及沟通管理。

（5）完成软件项目的过程中要抓住机遇，同时也不能忽略可能存在的风险，即涉及风险管理问题。

（6）软件项目的开发过程中，必定会产生很多不同版本的文档、代码等产品，为了保证项目顺利进行，必须控制这些产品的变化，使之在整个开发过程中始终保持完整性、一致性，即涉及配置管理问题。

（7）项目集成管理是软件项目成功的关键，它贯穿于软件开发的全过程。项目集成管理是在项目生命周期内，协调其他八大知识领域，将项目管理的所有方面集成为一个有机整体，确保项目终极目标的顺利实现。具体地说，包括制订项目章程，制订项目计划，指导与管理项目工作，监控、跟踪项目工作，实施变更控制管理，结束项目。项目集成管理并不是对所有项目组成元素进行简单的相加，而是对其进行正确、高效的协调，促成项目宏观目标的成功实现。

## 1.2.2 软件项目管理知识体系的标准化过程组

软件项目的生命周期决定了软件项目管理知识体系包括 5 个标准化过程，如图 1-4 所示。

（1）启动过程组。它确定一个项目已立项，或一个阶段的工作可以开始着手执行了。

（2）计划过程组。为完成项目的需要进行的切实可行的计划或维护，以保证商业目标的实现。计划基线是项目跟踪和控制的基础。

（3）执行过程组。调动人力、物力等资源去执行制订的计划。

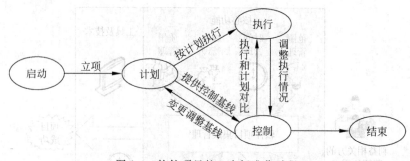

图 1-4　软件项目的 5 个标准化过程

（4）控制过程组。为保证项目成功完成而进行一系列的监督检测，必要时进行相应的变更控制管理。

（5）结束过程组。正式认可项目，并有序地结束项目。向客户提供相关产品，发布相关结束报告，更新组织过程并释放占用的资源。

可以看出，一些过程组的结果是另一些过程组的输入，按照工作流程各个过程组相互衔接，共同完成项目的管理过程。

**【思考题】**

1. 什么是项目？它与多数人的日常工作有什么不同？
2. 分别列举 3 个项目活动的例子和 3 个不属于项目活动的例子。
3. 什么是软件项目管理？
4. 为什么需要软件项目管理？
5. 项目管理与一般管理有什么不同？

# 第 2 章

# 范 围 管 理

## 2.1 范围管理概述

在项目管理 9 个知识领域中,项目范围管理是最为重要的。范围管理包括所有工作及生产项目产品的所有过程。项目干系人必须在项目要产生什么样的产品方面达成共识,包括完成项目计划、实现项目目标、获得项目产出物所"必需"的全部工作内容。

项目的工作范围既不应超出生成既定项目产出物,实现既定项目目标的需要,提交项目阶段性可交付成果,也不能少于这种需要。

### 2.1.1 项目管理的定义

项目是指一个组织为实现既定的目标,在一定时间、人员和其他资源的约束条件下,所开展的一种有一定独特性的、一次性的工作,需要一定人力、财力、物力和时间的全面投入。

### 2.1.2 项目管理的范围

项目管理的范围是指一个项目的最终成果和产生该成果需要做的工作,它规定和控制了哪些是应该做的,哪些是不应该做的,也就是定义了项目的范畴。它包括项目产品范围和项目工作范围。

做过项目的人可能都会有这样的经历:一个项目做了很久,感觉总是做不完,就像一个"无底洞"。用户总是有新的需求要项目开发方来做,就像用户在"漫天要价",而开发方在"就地还钱"。项目中哪些该做、哪些不该做、做到什么程度都是由"范围管理"来决定的。

项目范围管理的主要内容包括项目起始的确定和控制、项目范围的规划、项目范围的界定、项目范围的确认、项目范围变更的控制与项目范围的全面管理和控制。项目范围管

x

x

理包括的过程(见图 2-1)有收集需求、定义范围、创建工作分解结构(WBS)、核实范围和控制范围。

图 2-1　项目范围管理过程

产品范围和项目范围的区别：产品范围包括产品或服务中将包含的特征或功能；项目范围包括为交付具有规定特征和功能的产品或服务所必须完成的工作。

## 2.2　范围管理计划

古语云："凡事预则立，不预则废。"一个项目经理要想真正管理好项目范围，必须有好的技术和方法。

项目范围管理计划是一种规划工具，它说明项目团队如何确定项目范围，制订详细的项目范围说明书，确定与制作工作分解结构，核实与控制项目范围。制订项目范围管理计划与确定项目范围的细节主要从分析项目章程、项目初步范围说明书与项目管理计划、最近批准的版本提供的信息、组织过程资产中的历史信息以及任何有关的环境因素开始。项目范围管理计划是"制订范围计划"过程的主要成果。

范围管理计划可以为项目管理形成各种文档，作为将来项目决策的基础，这些文档中包括用以衡量一个项目或项目阶段是否已经顺利完成的标准等。

范围管理计划内容可以根据项目初步范围说明书编制详细的项目范围说明书；能够根据详细的项目范围说明书制作工作分解结构，并确定如何维持与批准该工作分解结构；可以规定如何正式核实与验收项目已完成可交付成果；可控制详细的项目范围说明书变更请求处理方式。项目范围管理计划包含在项目管理计划之内，也可作为其中一项分计划。

具体而言，项目范围管理计划内容包括以下几项。

(1) 范围进程。范围进程将项目的性质、功能和技术要求以及项目各部分完成的计划制订出相应规定。包括项目的详细说明以及何时范围可能还会修改，确定出项目的基准。

(2) 职责范围。职责范围确定项目中每个人负责的部分，包括功能和技术，更新并实时采集项目信息和任务情况。包括项目各部分负责人的范围、文件和数据输入人员的确定。

（3）范围声明。无论是参照还是全部范围的声明，应纳入本文件。

（4）变更控制。变更控制是对有关项目范围的变更实施控制。主要的过程输出是范围变更、纠正行动与教训总结。

要做好一个项目，重点就是周密地做好范围管理计划编制。范围管理计划编制是将产生项目产品所需的项目工作（项目范围）渐进明细和归档的过程。做范围管理计划编制工作是需要参考很多信息的，如产品描述，首先要清楚最终产品的定义才能规划要做的工作，项目章程也是主要依据，通常它对项目范围已经有了粗线条的约定，范围管理计划在此基础上进一步深入和细化。项目范围管理有一个输出是范围说明书。范围说明书是指在项目参与人之间确认或建立了一个项目范围的共识，作为未来项目决策的文档基准。

范围说明中至少要说明项目论证、项目产品、项目可交付成果和项目目标。项目可交付成果一般要列一个子产品级别列表，如为一个软件开发项目设置的主要可交付成果可能包括程序代码、工作手册、人机交互学习程序等。任何没有明确要求的结果，项目目标应该有标志（如成本、单位）和绝对的或相对的价值。尽量避开不可量化的目标（如客户的满意程度），因为它将招致很高的风险。

总体来说，项目范围管理计划是描述项目范围如何进行管理，项目范围怎样变化才能与项目要求相一致等问题，包括一个对项目范围预期的稳定而进行的评估以及对变化范围怎样确定、变化应归为哪一类等问题的清楚描述。简而言之，是规划、定义、确认、管理和控制项目范围的一种计划文件。

# 2.3 需求收集

范围管理中的需求分析是实现项目目标而定义并记录干系人需求的过程，是分析客户给予某些方面的变化而对项目产品所产生的特定需求。收集需求旨在定义和管理客户期望。需求开发始于对项目章程和干系人登记册中相关信息的分析。

项目需求包括商业需求、项目管理需求、交付需求等。产品需求包括技术需求、安全需求、性能需求等。仔细掌握和管理项目需求与产品需求，对促进项目成功有着重要的作用。

## 2.3.1 需求输入

收集需求的输入包括以下两项内容。

（1）项目章程。可以从项目章程中了解总体的项目需求以及关于项目产品的总体描述，并据此制订详细的产品需求。

（2）干系人登记册，如图 2-2 所示。

## 干系人登记册

项目名称：_____　　准备日期：_____

| 姓　名 | 职　位 | 角色 | 联系信息 | 需　求 | 期　望 | 影　响 | 分　类 |
|---|---|---|---|---|---|---|---|
| | | | | | | | |
| | | | | | | | |
| | | | | | | | |

图 2-2　干系人登记册

### 2.3.2　需求工具

收集需求的方法主要有以下 8 类。

#### 1. 访谈

用户访谈是最简单、最直接的一种需求收集方式,几乎适合任何商务场合。访谈的一般流程及内容如图 2-3 所示。

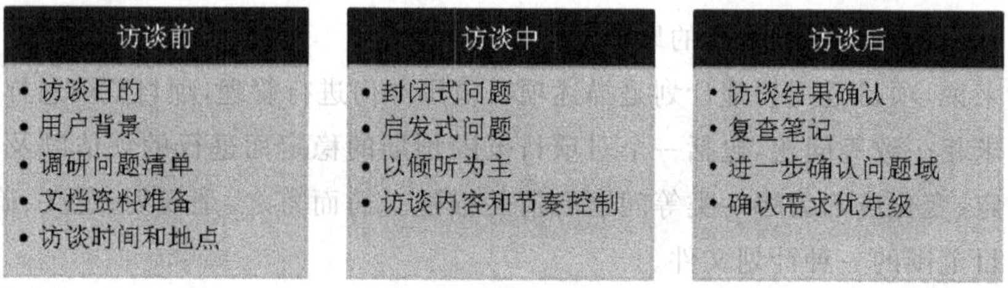

| 访谈前 | 访谈中 | 访谈后 |
|---|---|---|
| • 访谈目的<br>• 用户背景<br>• 调研问题清单<br>• 文档资料准备<br>• 访谈时间和地点 | • 封闭式问题<br>• 启发式问题<br>• 以倾听为主<br>• 访谈内容和节奏控制 | • 访谈结果确认<br>• 复查笔记<br>• 进一步确认问题域<br>• 确认需求优先级 |

图 2-3　访谈的一般流程及内容

访谈的优点是直接有效、形式灵活、交流深入,应该作为主要的需求捕获技术。缺点是占用时间长、面窄且容易造成信息的片面性。

#### 2. 焦点小组会议

把预先选定的干系人和主题专家集中在一起,了解他们对所提议产品、服务或成果的期望和态度。

#### 3. 引导式研讨会

通过邀请主要的跨职能干系人一起参加会议,引导式研讨会对产品需求进行集中讨论与定义。软件业中联合应用开发,把用户和开发团队集中起来共同改进软件开发过程。

#### 4. 群体创新技术

可以组织一些群体活动来识别项目和产品需求。

#### 5. 群体决策技术

群体决策就是为达成某种期望结果而对多个未来行动方案进行评估。群体决策技术可用来开发产品需求,以及对产品需求进行归类和优先排序。

#### 6. 问卷调查

问卷调查是指通过设计书面问题,向众多的受访者快速收集信息。如果受众众多、需要快速完成调查,需使用统计分析法,则适宜采用问卷调查方法。问卷调查的一般流程如图 2-4 所示。

图 2-4　问卷调查的一般流程

### 7. 观察

观察是指直接观察个人在各自的环境中如何开展工作和实施流程。当产品使用者难以或不愿说明他们的需求时,就特别需要通过观察来了解细节。观察也称为"工作跟踪",通常由观察者从外部来观察使用者的工作。观察也可以由"参与观察者"进行。"参与观察者"需要实际执行一个流程或程序,体验该流程或程序是如何实施的,以便挖掘出隐藏的要求。

### 8. 原型法

原型法是指在实际制造产品之前,先造出该产品的实用模型,并据此征求对需求的反馈意见。原型是有形的实物,它使干系人有机会体验最终产品的模型,而不是只讨论抽象的需求陈述。原型法符合渐进明细的理念,因为原型需要重复经过制作、试用、反馈、修改等过程。在经过足够的重复之后,就可以从原型中获得足够完整的需求,并进而进入设计或制造阶段。

原型法开发工具有:Axure RP 快速原型制作软件——线框图、原型、规格文档;Visio 2003 绘制流程图等多种绘图工具;Balsamiq Mockups 手绘风格的原型图绘制工具;Pencil Project 原型图绘制工具;Expression Blend 微软发布的原型开发工具;Cacoo 在线原型图绘制工具;Mockingbird 在线原型图绘制工具;OmniGraffle for Mac 下的原型和流程图绘制软件。

## 2.3.3　需求输出

需求输出主要有以下内容。

(1) 需求文件,如图 2-5 所示。

| 用户需求 | 软件用例需求 | 非功能需求 |
|---|---|---|
| 需求名称 | 用例编号 | 安全 |
| 需求描述 | 用例名称 | 性能 |
| 触发条件 | 使用场景 | 易用性 |
| 输入 | 执行者 | 可靠性 |
| 处理步骤 | 触发条件 | 可维护性 |
| 输出 | 基本流 | 可测试性 |
| 流程 | 扩展流 | 健壮性 |
| 数据字典 | 业务规则 | 接口需求 |
| 权限 | 假设和约束 | |
| 业务规则 | 界面原型 | |

图 2-5　需求文件

（2）需求管理计划。

（3）需求跟踪矩阵，如图2-6所示。

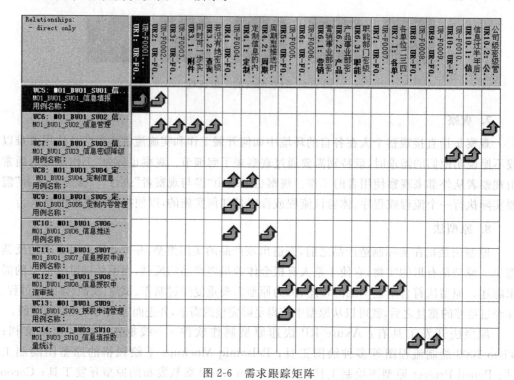

图2-6　需求跟踪矩阵

# 2.4　范围的概念及要素

范围是指制订项目和产品详细描述的过程。用于明确所收集的需求哪些将包含在项目范围内，哪些将排除在项目范围外，从而明确项目、服务或成果的边界。范围定义把项目产出物进一步分解为更小的、更便于管理的许多组成部分，通过范围定义可以提高对项目成本估算、项目工期和项目资源需求估算的准确性，为项目的绩效度量和控制确定一个基准，便于明确和分配项目任务与责任。合理恰当的范围定义对于一个项目的成功至关重要。

## 2.4.1　范围的概念

范围定义可以持续不断地检查以保证能够完成所有需要完成的工作，在不经过变更控制委员会（CCB）时，不能让干系人随便修改项目范围，确保所有的变更都是符合项目章程、定义的以及控制哪些应该、哪些不应该包含在项目中的内容，防止范围的蔓延和镀金。

当项目范围定义不清或项目范围管理得很糟糕时，项目的最终成本会比预期的总成本高。因为会有许多难以想象的项目变更，这些变更会干扰项目运行的节奏，导致实施工作的返工，增加项目实施时间，降低劳动生产率和项目团队的士气。

定义范围要从需求文件中选取最终的项目需求内容，准备好详细的项目范围说明书，对项目成功至关重要。在范围定义的过程中,要多次反复开展定义范围过程,在迭代型生命周期的项目中,更是需要反复进行。

## 2.4.2 范围定义的输入

范围定义的输入包括项目章程、需求文件和组织过程资产。

组织过程资产是执行组织所特有并使用的计划、流程、政策、程序和知识库,包括来自任何(或所有)项目参与组织的,可用于执行或治理项目的任何产物、时间或知识;是大部分规划过程的输入;内容包括执行组织所特有并使用的正式和非正式的计划、流程、政策、程序和知识库,也包括组织的知识库,如经验教训和历史信息;还包括完整的进度计划、风险数据和挣值数据。

## 2.4.3 需要的工具与技术

(1)专家判断。一个或多个专家一起讨论,做出判断。

(2)产品分析。

(3)备选方案生成。

(4)引导式研讨会。

## 2.4.4 范围定义的输出

### 1. 项目范围说明书

项目范围说明书详细描述项目的可交付成果,以及为提交这些可交付成果而必须开展的工作。项目范围说明书也表明项目干系人就项目范围所达成的共识。描述项目要做的和不要做的工作详细程度,决定着项目管理团队控制项目范围的有效程度。

项目范围说明书主要内容为项目目标(可测量,时间费用和进度)、产品范围说明书、项目要求说明书、项目边界、项目可交付成果、产品验收准则、项目假设、项目约束(现状分析)、项目组织、初步确定风险、初步里程碑、资金费用估算、配置管理要求、技术规定说明书和批准要求。

### 2. 项目文件更新

项目范围说明书制订完成后,可能有必要更新其他项目文件,如项目章程、干系人登记册、需求文件等。

## 2.5 WBS 的创建

WBS(Work Breakdown Structure,工作分解结构)是项目范围定义的有效工具。

## 2.5.1 工作分解结构

WBS 是一种以结果为导向的分析方法,用于分析项目所涉及的工作,所有这些工作构成了项目的整个范围,而未列入工作分解结构的工作是不应该做的,工作分解结构是项目管理中非常重要的文件,因为它几乎是项目管理所有知识领域和管理过程的基础,项目范围管理的核心是不做"镀金工程"。

WBS 明确了完成项目所需的工作,也可使项目组成员产生紧迫感和责任感,为项目的如期完成而努力。WBS 同时也能防止项目范围的盲目扩大,当甲方打算向已存在的项目增加新内容时,WBS 能避免这种事的发生。

WBS 通常用列表形式或树状图形式两种方式表示。树状图形式的 WBS 是一个以任务为导向的活动家族图,与项目的组织结构图类似,人们可以通过它看到整个项目的概貌以及每一个主要的组成部分。

以树状图形式表示的 WBS 的最顶层即第 0 层,代表整个项目,紧接着的一层是第 1 层,用来表示主要的项目产品或主要的项目阶段,第 2 层则包含了第 1 层所含的主要子项,每下降一层代表对项目的更详细定义。如果 WBS 包含的内容很多,一张总表不好表现,可以用分层次图表示。图 2-7 所示就是一个企业门户网站开发系统 WBS 的总图。

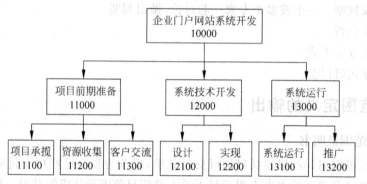

图 2-7　企业门户网站开发系统 WBS 的总图

WBS 也可以列表形式表示,通常在大型项目(如 2008 年北京奥运会、上海世博会)中,用树状图形式表示非常形象、直观,但当 WBS 分解到 4 层、5 层以后,任务列表可多达几百项甚至上千项后,用树状图形式就不容易描述清楚,一般的项目管理软件,如 Microsoft Project 2007 通常以列表形式表示,如表 2-1 所示。

表 2-1　软件开发项目中 WBS 列表形式表示

| 唯一的标识号 | WBS | 产品名称 |
| --- | --- | --- |
| 0 | 0 | 软件开发 |
| 1 | 1 | 项目范围规划 |
| 2 | 1.1 | 确定项目范围 |
| 3 | 1.2 | 获得项目所需资金 |
| 4 | 1.3 | 定义预备资源 |
| 5 | 1.4 | 获得核心资源 |
| 6 | 1.5 | 完成项目范围规划 |
| 7 | 2 | 分析/软件需求 |
| 8 | 2.1 | 行为需求分析 |
| 9 | 2.2 | 起草初步的软件规范 |
| 10 | 2.3 | 制订初步预算 |

| 唯一的标识号 | WBS | 产品名称 |
|---|---|---|
| 11 | 2.4 | 工作组共同审阅软件规范/预算 |
| 12 | 2.5 | 根据反馈修改软件规范 |
| 13 | 2.6 | 制订交付期限 |
| 14 | 2.7 | 获得开展后续工作的批准(概念、期限和预算) |
| 15 | 2.8 | 获得所需资源 |
| 16 | 2.9 | 完成分析工作 |
| 17 | 3 | 设计 |
| 18 | 3.1 | 审阅初步的软件规范 |
| 19 | 3.2 | 制订功能规范 |
| 20 | 3.3 | 根据功能规范开发原型 |
| 21 | 3.4 | 审阅功能规范 |
| 22 | 3.5 | 根据反馈修改功能规范 |
| 23 | 3.6 | 获得开展后续工作的批准 |
| 24 | 3.7 | 完成设计工作 |
| 25 | 4 | 开发 |
| 32 | 5 | 测试 |
| 48 | 6 | 培训 |
| 57 | 7 | 文档 |
| 67 | 8 | 试生产 |
| 68 | 8.1 | 确定测试群体 |
| 69 | 8.2 | 确定软件分发机制 |

## 2.5.2 制订 WBS 的原则

WBS 将所做的项目分解成若干个具体的任务,任务的分解可以是多样的,不同的团队分解的结果可以是不同的,而且并没有标准的分解方法,但在制订工作分解结构时,应该遵循以下工作原则。

**1. "逐层分解"原则**

大项目—项目—阶段—任务—(子任务)—工作单元(活动)。

项目(范围)—阶段—子任务—工作单元。

单位工程—分部—子分部—分项—检验批。

**2. "两周工作包"原则**

"两周工作包"原则是指在任务分解过程中,最小级别任务的工期最好控制在 10～14 个工作日,目的是在项目执行期内更好地检查和控制。通过这一手段可以把项目的问题暴露在两周之内或更短的时间。

制订项目计划的目的是更好地控制项目,任务分解的结果便是项目执行、检查、控制的依据,如果项目任务分解过于粗放,就难以进行细致的跟踪。如果某一任务的工期较长,建议对任务进行细化分解,以便符合"两周工作包"原则。

**3.“责任到人”原则**

任务分解过程中,最小级别的任务最好是能够分配到某一个具体的资源,一项任务只能在工作分解结构中出现一次,每项任务只能有一个负责人。如果某一项任务的资源由若干个资源一起完成(如砌体1~12层,是由3个班组完成的,可以将砌体分解成3个工作单元),建议该任务再次分解,否则如果某一项任务出现问题,很难将责任定位到某一个人。

**4.“风险分解”原则**

任务分解过程中,如果遇到风险较大的任务,为了更好地化解风险,应该将任务再次细分,必须能够更好、更早地暴露风险,为风险的解决和缓解提供帮助。

**5.“逐步求精”原则**

高质量的任务分解需要花费时间,而在项目前期不可能考虑到后期非常具体的任务,因此即将开始的任务需要非常精细的分解,未来的任务可以分解粗放一些。等到执行时再进行细化分解。

**6.“团队工作”原则**

项目计划制订的主要责任人是项目经理,但不应该是项目经理一个人的工作。项目经理在制订项目计划过程中,尤其是在任务分解、工期估计等关键过程中一定要与项目成员一起进行。因为毕竟任务的执行和分解必须征得大家的同意与确认,从而可以避免项目执行过程中的任务分解方面的意见和分歧。

在根据项目范围说明书进行工作分解时,还要使WBS有一定的灵活性,以适应项目范围变更的需要。

## 2.5.3　划分WBS的方法

WBS的分解可以采用多种方式进行,包括按产品的物理结构分解;按产品或项目的功能分解;按照实施过程分解;按照项目的地域分布分解;按照项目的各个目标分解;按部门分解;按职能分解。

## 2.5.4　WBS的创建过程

创建WBS的过程非常重要,因为在项目分解过程中,项目经理、项目成员和所有参与项目的职能经理都必须考虑该项目的所有方面。制订WBS的过程主要有以下内容。

(1)得到范围说明书或工作说明书。

(2)召集有关人员,集体讨论所有主要项目工作,确定项目工作分解的方式。

(3)分解项目工作。如果有现成的模板,应该尽量利用。

(4)画出WBS的层次结构图。WBS较高层次上的一些工作可以定义为子项目或子生命周期阶段。

(5)将主要项目可交付成果细分为更小的、易于管理的组分或工作包。工作包必须详细到可以对该工作包进行估算(成本和历时)、安排进度、做出预算、分配负责人员或组织单位。

(6)验证上述分解的正确性。如果发现较低层次的项没有必要,则修改组成成分。

（7）如果有必要，建立一个唯一的编号系统。

（8）随着其他计划活动的进行，不断地对 WBS 更新或修正，直到覆盖所有工作。

（9）检验 WBS 是否定义完全、项目的所有任务是否都被完全分解，可以参考以下标准。

① 每个任务的状态和完成情况是可以量化的。

② 明确定义了每个任务的开始和结束。

③ 每个任务都有一个可交付成果。

④ 工期易于估算且在可接受期限内。

⑤ 容易估算成本。

### 2.5.5 确定 WBS 字典

WBS 字典相当于对某一 WBS 元素的规范，即 WBS 元素必须完成的工作以及对工作的详细描述、工作成果的描述和相应规范标准，元素上下级关系以及元素成果输入/输出关系等。同时 WBS 字典对于清晰的定义项目范围也有着巨大的规范作用，它使得 WBS 易于理解和被组织以外的参与者（如承包商）接受。在建筑业，工程量清单规范就是典型的工作包级别的 WBS 字典。

项目团队通过组内讨论，对于项目 WBS 的内容逐条说明和进行描述形成 WBS 字典，完成 WBS 字典编写工作，如表 2-2 所示。

表 2-2　WBS 字典

| WBS 编码 | 工作包 | 活 动 | 资 源 | 可交付成果 | 完成标准及质量要求 | 负责人 |
|---|---|---|---|---|---|---|
| 1 | 项目管理 | 编写项目计划，项目开工会 | 项目经理和团队 | 项目目标、项目计划、开工报告 | 符合项目标准 | 项目经理 |
| 2.1 | 设计 | 机房、布线和网络设计 | 系统工程师 | 机房设计图、布线图和网络设计图 | 客户认可 | 系统工程师 |
| 2.2 | 采购 | 机房装修、软硬件产品采购 | 采购经理 | 分包合同和采购合同 | 项目经理认可 | 采购经理 |
| 2.3 | 安装 | 装修、布线、软硬件产品安装、系统集成 | 分包商、程序员 | 机房、布线、运行系统报告 | 客户认可 | 系统工程师 |
| 3.1 | 需求 | 面谈、撰写需求报告 | 程序员 3 | 需求分析报告 | 客户认可、符合设计要求 | 程序员 3 |
| ⋮ | ⋮ | ⋮ | ⋮ | ⋮ | ⋮ | ⋮ |

# 2.6 范围核实

## 2.6.1 范围核实的定义

范围核实是指由项目相关利益主体（项目业主/客户、项目发起人、项目委托人、项目实施组织或项目团队等）对于项目范围的正式认可和接受的工作。

范围核实包括全面验证和确认、确保所有项目范围定义给出的项目产出物和项目工作范围的合理可行。确保所有项目范围实施结果符合项目范围管理的要求,完备且正确。

范围核实的内容:可以是对一个整体项目范围的确认,也可以是对一个项目阶段范围的确认。

范围核实对象:项目范围定义所生成的主要文件和结果,如项目说明书、范围综述、WBS 等。

## 2.6.2　范围核实的内容

范围核实的输入为项目管理计划、需求文件、需求跟踪矩阵、可交付成果。范围核实的方法和技术有以下几个。

### 1. 项目范围的核检表

项目范围的核检表主要检查项目目标是否完善和准确,项目目标的指标是否可靠和有效(度量指标所需信息是否可以获得);项目的约束条件是否真实和符合实际情况;项目最重要的假设前提是否合理(不确定性和后果的假设是否合理);项目的风险是否可以接受;项目的成功是否有足够的把握;项目范围是否能够保证项目目标的实现;项目范围所给出的项目工作最终的效益是否高于项目成本;项目范围是否需要进一步研究和定义。

### 2. 项目工作分解结构的核检表

项目工作分解结构的核检表主要检查项目目标的描述是否清楚;项目目标层次的描述是否都清楚;规定项目目标的各个指标值是否可度量;项目产出物的描述是否清楚;项目产出物及其分解是否都是为实现项目目标服务的;项目产出物是否被作为项目工作分解的基础;项目工作分解结构的层次结构是否合理;项目工作分解结构中的各个工作包是否都是为形成项目产出物服务的;项目工作分解结构层次的划分是否与项目目标层次的划分和描述相统一;项目工作和项目产出物与项目目标之间的关系是否具有传递性和一致性;项目工作和项目产出物与项目目标的分解在逻辑上是否正确与合理;项目工作分解结构中的工作包是否都有合理的关于数量、质量和时间的度量指标;项目目标的既定指标值与项目工作绩效度量的既定标准是否相匹配;项目工作分解结构中各个工作包的内容是否合理;项目工作分解结构中各个工作包之间的相互关系是否合理;项目工作分解结构中各个工作包所需的资源是否明确与合理;项目工作分解结构中各个工作包的考核指标制订得是否合理。

### 3. 项目范围实施结果的检验方法

(1)项目产出物的检验方法。对照项目产出物的要求和规定,通过对项目产出物开展度量、检查、核对、测试等具体检查和验证工作,从而确定项目实施所生成的项目产出物是否达到了项目相关利益主体的要求和期望,也可称为项目产出物评估、项目跟踪评估、项目审计和项目监察等。

(2)项目可交付物的检验方法。这是项目产出物检验方法的一种延伸,包括对项目业务工作所产生实物的检验方法,也包括对项目管理工作所产生的各种文档的检验方法。

范围核实的输出为验收的可交付成果、变更请求和项目文件。

## 2.7 范围控制

### 2.7.1 范围变更及原因

范围控制可以说是范围变更控制。项目干系人常常由于项目环境或其他各种原因要求对项目的范围基准进行修改,甚至是重新计划,而这一类修改或变化叫变更。对项目范围变更的控制与管理是项目管理控制的重点工作之一。

项目的变化主要是指项目的目标、项目的范围、项目的要求、内部环境以及项目的技术质量指标等偏离原来确定的项目计划。项目范围变更控制是指为使项目向着有利于项目目标实现的方向发展而变动和调整某些方面因素而引起项目范围发生变化的过程。

项目范围变更控制关心的是对造成项目范围变更的因素施加影响,并控制这些变更造成的后果,确保所有请求的变更与推荐的纠正,通过项目整体变更控制过程进行处理。

项目范围变更的原因:项目的外部环境发生变化,如政府的有关规定发生变化;在项目范围计划或定义时出现错误或遗漏;项目团队提出了新的技术、手段或方案;项目实施的组织本身发生了变化;客户对项目或项目产品的要求发生变化。

### 2.7.2 范围控制的定义

范围控制是指当项目范围发生变化时对其采取纠正措施的过程,以及为使项目向着目标方向发展而对某些因素进行调整所引起的项目范围变化的过程。

范围控制的主要工作有:事前控制,管理和控制能引起项目范围变更的主要因素和条件;事中控制,分析和确认变更请求的合理性和可行性、变更是否已经实际发生及其风险和影响,对变更进行严格的控制。

### 2.7.3 范围控制内容

#### 1. 范围控制的输入

范围控制的输入主要有项目管理计划、工作绩效信息、需求文件、需求跟踪矩阵、组织过程资产、范围控制的工具和技术以及变更控制系统。

范围变更控制系统定义项目范围变更的有关程序,它包括文档工作、跟踪系统及对于授权变更所需要的批准层次等。在项目管理计划中给出,包括项目范围变更控制的基本程序和方法、责任划分和授权、文档化管理、跟踪监督、变更请求的审批层次等,是项目控制系统的一部分。如果项目按合同实施,则该系统必须符合合同条款。

1) 配置管理系统

项目集成管理系统的一个组成部分,根据配置关系,实现项目范围和各要素的集成控制与管理。

2) 偏差分析

识别、分析和度量已发生的项目或变动及其原因,决策是否对这项变动或差异采取行动;出现偏差后应缩短度量周期。根据范围基准和项目绩效的比较来评估变更的程度。

用于帮助评估发生的偏差程度。

3）再编项目计划

对原有项目范围管理的各种计划文件进行必要的修改和更新或重新分析和制订新的项目范围计划；方法包括追加计划法、全面更新法、重新修订法；注意同时重新修订项目集成计划和其他专项计划。

**2. 范围控制的输出**

范围控制的输出主要有工作绩效测量、组织过程资产（更新）、变更请求、项目管理计划（更新）和项目文件（更新）。

## 2.7.4　项目范围变更的控制流程

项目范围变更的控制流程如图 2-8 所示。

（1）分析和确定影响项目范围变动的因素与环境条件。

（2）管理和控制那些能够引起项目范围变动的因素与条件。

（3）分析和确认各方面提出的项目变动要求的合理性与可行性。

（4）分析和确认项目范围变动是否已实际发生，以及这些变动的风险和内容。

（5）当项目范围变动发生时，对其进行管理和控制，设法使这些变动朝有益的方向发展，努力消除项目范围变动的不利影响。

图 2-8　项目范围变更的控制流程

### 【案例研究】

赵工接手了一个老客户的项目，担任项目经理，客户需要对原教务系统进行大范围功能开发，新加入很多扩展业务，赵工深入调查分析客户需求，并详细分析分解项目，制订了详尽的项目工作分解结构（WBS）。并请原教务系统项目人员加入项目组，计划要 6 个月由 4 个人进行开发。并与客户主管进行深入沟通、确认并签字需求范围。

但项目才实施不久，赵工的公司领导要缩短工期要求 4 个月完成，准备接另一个项目，并可以加派两个人进入项目实施。但是赵工分析本项目工期是经过严格计算的，没有这么强的伸缩空间，即使加派人员新人也要有熟悉业务的时间，在关键路径上任务很难缩短时间，人多也不能解决更多的问题，如果原 4 个人加班完成，会影响质量，最终降低客户满意度，项目组人员工作热情也会受到影响。

最终赵工决定重新规划项目范围，人员不变，把项目分为两期完成，第一期工期 3 个月，第二期工期 3 个半月，并分别设定验收标准和可交付成果。这样通过对项目范围的修改既满足了公司领导的需求，工作人员也能按照计划完成。项目最终圆满完成。即使工期延缓半个月但客户也能尽早看到部分预期结果。

讨论：

1. 案例中的赵工前期采用了什么项目管理办法完成工作任务？

2. 当项目目标变化时，赵工又采用哪些措施完成任务？

**【思考题】**

1. 何谓需求获取？它包括哪些主要活动？

2. 需求分析的主要内容有哪些？如何处理不明确需求？

3. 如何做好需求变更管理？

4. 何谓任务分解？为什么要进行任务分解？

# 第 3 章

# 时 间 管 理

按时、按预算完成项目是对项目管理者们的基本要求,而由于软件是特殊的产品,是人类思维的产物,软件制品的生产过程中不可控、不可追踪的因素很多,导致很多软件项目不能按期交付,因此合理地安排项目时间是软件项目管理的重要内容。软件项目的时间管理又叫作进度管理,即在项目实施过程中,采取科学的方法确定项目进度,在满足项目质量、成本、时限要求的前提下,拟订出合理且经济的进度计划、适时进行进度控制,从而实现项目的进度目标。

## 3.1 进度管理规划

时间是一种特殊的资源,它因不可逆、不可再现、不可替代而有别于其他资源。因而时间管理是软件项目的重要组成部分。进度管理规划的目标就是在给定的资源限制条件下,采用一定的方法,用最少的时间、最小的成本、最小的风险完成项目工作。它是从时间角度对软件项目进行规划、估算的过程。

一个好的项目管理者应该能够管理好时间,准确地定义所有的项目任务,识别出影响项目进度的关键任务,并跟踪关键任务的进展情况,及时发现拖延项目进度的情况,制订详细的项目计划,并监督、控制软件项目进度按计划完成。

进度计划是项目计划的主要部分。进度计划的过程包括先根据任务分解结果(WBS)进一步分解出主要的活动,确立活动之间的关联关系,然后估算每个活动需要的资源、时间,编制出项目的进度计划。

软件项目的交付期限是软件项目开发的时间要素,是软件项目成功与否的重要标准,是项目管理者关注的核心,应体现在进度计划中。

## 3.2 活动定义

活动定义是识别和描述为完成项目可交付成果而需采取的具体行动的过程。其作用是将工作包分解为活动。

## 3.2.1　活动定义的方法

**1. 分解**

把项目工作包分解成更小的、更易于管理的工作包——活动。

**2. 滚动式规划**

滚动式规划方法是一种不断调整、完善的动态编制规划的过程。它的原则是"远粗近细",先根据实际制订规划,然后根据计划的执行情况和态势调整规划,调整未来的计划,使规划逐渐向前推进。

**3. 专家判断**

经验丰富的擅长制订项目范围说明书、工作分解结构的项目团队成员或专家,可以提供专业知识进行活动定义。

## 3.2.2　活动清单

为了完成项目应开展的所有活动构成活动清单。某软件项目的活动清单见表 3-1。

表 3-1　某软件项目的活动清单

| ID | 活动名称 | 输　入 | 输　出 | 内　容 | 负责人 | 目前状态 | 验收评价 |
|----|----------|--------|--------|--------|--------|----------|----------|
| 2 | 需求分析 | 可行性研究 | 需求报告 | 用户需求 | 吴亦 | 已完成 | 优秀 |
| 5 | 编码 | 设计报告 | 程序 | 编写程序 | 李竣 | 已完成 | 良好 |
| 6.2 | 集成测试 | 单元测试 | 测试报告 | 系统功能测试 | 武菁 | 进行中 | — |
| ⋮ | ⋮ | ⋮ | ⋮ | ⋮ | ⋮ | ⋮ | ⋮ |

**1. 活动属性(活动定义的结果)**

活动定义过程中的活动属性是估算活动清单中每一项活动所需资源的依据。

在项目起始阶段,活动属性包括活动标识、WBS 标识和活动名称;当活动结束时,活动属性可能还包括活动编码、活动描述、紧前活动、紧后活动、逻辑关系、时间提前与滞后量、制约因素和假设条件等。

**2. 里程碑清单(活动定义的结果)**

里程碑是软件过程中的重要时点或事件。

例如,在软件测试周期中,可以定义 4 个父里程碑和若干个子里程碑。

M1:测试规划

　　……

　　M13:测试用例设计

　　M14:测试用例审查

M2:单元测试完成

M3:测试执行

　　M31：集成测试完成

　　……

M4：测试结束

　　M41：α 测试、β 测试

　　M42：撰写报告

## 3.3　活动排序

　　活动排序是识别项目活动之间相互依赖关系，确定活动之间逻辑顺序的过程。软件 Microsoft Project 可实现活动排序，也可手工完成，或将两种方法结合起来。

### 3.3.1　确定活动间逻辑关系

　　在对活动进行排序之前，必须了解活动之间的逻辑关系，比如，哪些活动可以并行完成、哪些活动只能等某些活动完成之后才可开始。项目活动间的逻辑关系主要有 4 种，如图 3-1 所示。

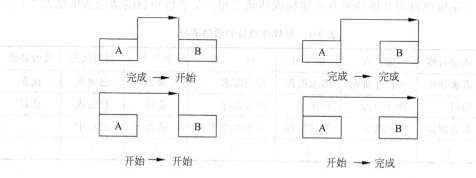

图 3-1　项目活动间的逻辑关系

　　前导图法（Precedence Diagramming Method，PDM）或优先顺序图法是指用节点代表一项活动，用带箭头的线段表示活动间的依赖关系。PDM 主要包括 4 种逻辑关系。

　　完成→开始：表示活动 B 在活动 A 结束后开始，此种活动间关系最常见。

　　完成→完成：表示活动 B 在活动 A 结束后结束，活动 A 与活动 B 有相同的后置活动。

　　开始→开始：表示活动 B 在活动 A 开始后开始，活动 A 与活动 B 有相同的前置活动。

　　开始→完成：表示活动 B 在活动 A 开始后结束，此种活动间关系较少见。

### 3.3.2　绘制项目网络图

　　活动间的逻辑关系确定后，就可以进行活动排序了，其结果是用项目网络图表示排序的结果，主要体现各个活动及相互之间的关系。图 3-2 所示为某个软件项目的网络图。

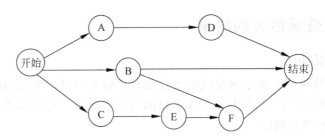

图 3-2 某个软件项目的网络图

# 3.4 活动资源估算

活动资源估算的目的是确定完成各项活动所需的材料、人员、设备或用品种类、数量和性质，以便准确估算成本和历时。不论任何项目，它都有自身的资源限制，因而不考虑资源限制而进行的活动持续时间估算是没有意义的。

## 3.4.1 活动资源估算的依据

软件项目资源主要包括 3 类，即人力、可复用的软构件（或组件）以及软硬件环境。

（1）软件项目资源中，人是最有价值的资源。项目计划的制订者要确定开发人员的名单，要根据他们的专长进行分工。

（2）可复用的软构件（或组件）是软件组织的宝贵资源，它可加快开发进程，提高软件质量与生产率。软构件并非一定要用自己的，可以向专业的软件供应商购买。

（3）软硬件环境虽不是最重要的资源，却是必需的物质资源。原则上软硬件环境只要符合项目的开发要求即可。有些项目可能要用到特殊的设备，则要事先做好准备，以免影响开发进程。

## 3.4.2 活动资源的估算方法

### 1. 自下而上的估算方法

自下而上的估算方法是一种估算持续时间或成本的方法。针对 WBS，自下而上逐层汇总每个组件所需资源而进行的估算。若无法以合理的可信度对活动进行估算，则工作中的活动还应进一步细化，然后再估算资源需求。若活动之间存在影响资源使用的依赖关系，则应对相应资源的使用方式加以说明。

### 2. 活动资源需求

活动资源估算的目的是明确完成活动所需的资源种类、数量和性质，以便更准确地进行成本和时间估算。

对每项活动应何时使用多少资源必须有一定估算，即估计项目活动的资源需求以及能否按时、按量、按质提供，这对项目活动的历时估计有直接的影响。

### 3.4.3 活动资源估算的成果

**1. 活动资源需求**

活动资源估算过程的成果就是确定工作细目中每个活动需要使用的资源类型与数量。可在汇总这些需求后,估算每一工作细目的资源需求量。资源需求描述的详细程度取决于软件项目领域和规模。

**2. 活动属性**

活动属性反映了每个计划活动必须使用的资源类型与数量。如果在活动资源估算过程中批准变更请求,则应将批准的变更反映到活动清单与活动属性中。

**3. 资源分解结构**

资源分解结构是按照资源种类和形式而划分的资源层级结构。资源分解结构是项目成本预算的基础。资源分解结构反映了项目执行时资源的种类与控制管理方式。

**4. 资源日历**

资源日历记录了确定使用某种具体资源(如人员、物资)日期的工作日。资源之间的工作时间有明显区别时,可以为个别资源指定其特殊工作时间、假期、缺勤和计划个人时间,这将有助于创建更准确的日程。Microsoft Project 只根据资源日历中资源的可用时间排定资源日程。

若更改资源日历上的工作时间,并将资源分配给任务,则任务按照资源日历的工作时间排定日程;若使用共享资源库中的资源,或共享其他项目中的资源,则可能使用不同的日历。在共享资源时,应注意实际使用的项目日历。

**5. 请求的变更**

在活动资源估算过程中可能会提出变更请求,要求在活动清单内添加或删除列入计划的计划活动。请求的变更通过整体变更控制过程审查与处置。

## 3.5 活动历时估算

活动历时估算就是在给定资源条件下,估计完成每个活动所需消耗的资源,为进度计划编制提供依据。

活动历时是对完成计划活动所需时间的定量估计。活动历时估算的结果中应当指明变化范围。举例如下。

(1) 2 周±2 天是指计划活动至少要用 8 天,但最多不超过 12 天(去掉节假日,每周工作 5 天)。

(2) 超过 3 周的概率为 15%,也就是说,该计划活动需要 3 周或更短时间的概率为 85%。

### 3.5.1 历时估算的依据

在进行活动历时估算时,应综合考虑以下因素。

（1）工作活动的详细清单提供了对项目各个子活动历时估算的依据,把各个子活动的历时相加即估算出项目的历时。

（2）项目约束和假设条件。项目历时估算是在项目约束和假设条件下进行的。

（3）资源情况、数量。资源的数量和总体情况决定了项目的历时长短。

（4）资源能力、质量、IT项目、人力资源技术/管理水平。该软件项目的物质资源要求、人力资源的能力以及人力资源的管理水平决定了项目的时间需求。

（5）历史信息。与该软件项目相关的历史项目的记录有助于准确地进行历时估算。

## 3.5.2 历时估算方法

**1. 专家判断**

由于影响活动持续时间的因素很多,项目历时很难准确估算。可以充分利用以历史资料和经验为依据的专家判断。若无法请到这类专家,则活动历时估算的不确定性和风险就会增加。

**2. 类比估算**

活动历时类比估算就是根据从前类似计划活动的实际持续时间,来估算当前活动的持续时间。当有关项目的详细信息数量有限时(如在项目的早期阶段),就经常使用这种办法估算项目的持续时间。类比估算利用历史信息、经验和专家判断。这种方法成本低、速度快,但准确性不高。

**3. 参数估算**

用需完成工作的数量乘以生产率来估算活动的持续时间。例如,每班次的持续时间为4天,计划投入的资源为3人,而可以投入的资源为2人,则每班次的持续时间为6天($3 \times 4 \div 2$)。

在软件项目中,将某个模块的代码行数乘以每行代码所需的工作量,就可以得到该模块活动的持续时间。

**4. 三点估算**

首先需要估算出进度的3个估算值,然后使用这3个估算值来界定活动历时的近似区间。

最可能时间($T_M$):在充分考虑资源生产率、资源的可用性、对其他资源的依赖性和可能的中断前提下,且已为计划活动分配了资源的情况下,对活动历时的估算。

最乐观时间($T_O$):基于最有利的情况,形成最有利的组合而估算的活动历时。

最悲观时间($T_P$):基于最不利的情况,形成最不利的组合而估算的活动历时。

活动持续时间$T_E = (T_O + 4T_M + T_P) \div 6$,标准差$(T_P - T_O) \div 6$,据此来估算活动历时,例如,4周±3天;活动A的最可能历时为12天,乐观历时为5天,悲观历时为13天,则活动A持续时间为$(5 + 4 \times 12 + 13) \div 6 = 11$(天),活动A历时的方差为$(13 - 5) \div 6 = 1.3$(天)。

## 3.6　进度计划编制

进度计划制订是分析活动顺序、持续时间、资源需求和进度制约因素,创建项目进度模型的过程。项目进度表的制订是一个反复的过程,该过程确定项目活动计划的开始与结束日期。进度表制订过程中,可能要求对历时估算和资源估算进行审查与修改,以便进度表在批准之后能够用作跟踪项目绩效的基准使用。进度表制订过程因工作的绩效、项目管理计划的变更以及预期风险发生或消失,或识别出新风险而贯穿于项目的始终。

### 3.6.1　进度计划的制订方法

#### 1. 关键路径法

关键路径法(Critical Path Method,CPM)是一种进度网络分析技术。关键路径法沿着项目进度网络路径进行正向与反向分析,从而计算出所有计划活动理论上的最早开始与结束日期、最迟开始与结束日期,而不考虑任何资源限制。由此计算而得到的最早开始与结束日期、最迟开始与结束日期不一定是项目的进度表,它们只是指明计划活动在给定的活动持续时间、逻辑关系、时间提前与滞后量,以及其他已知制约条件下应当安排的时间段与长短。

例如,在图3-3中,A→D→G就是一条关键路径。

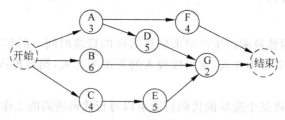

图3-3　项目网络图中的关键路径

每个活动的最早开始时间(ES)、最早结束时间(EF)、最晚开工时间(LS)和最晚结束时间(LF)可以由以下规则计算得到。

规则1:除非另外说明,项目起始时间定于时刻0。

规则2:任何节点最早开始时间等于最邻近前导活动节点最早完成时间的最大值。

规则3:活动的最早完成时间是该活动的最早开始时间与其历时估算值之和。

规则4:项目的最早完成时间等于项目活动网络中最后一个节点的最早完成时间。

规则5:除非项目的最晚完成时间明确;否则就定为项目的最早完成时间。

规则6:如果项目的最终期限为 $t_p$,那么 LF(项目)$=t_p$。

规则7:活动的最晚完成时间是该活动的最邻近后续行动的最晚开始时间的最小值。

规则8:活动的最晚开始时间是其最晚完成时间与历时估算值之差。

带时间的项目网络图如图3-4所示。

开始
A 2
B 6
C 4
D 3
E 5
F 4
G 2
结束
图例
ES
EF
LS
LF

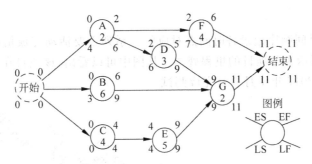

图 3-4 带时间的项目网络图

**2. 帕肯森定律和关键链法**

帕肯森定律：工作总是拖延到它允许最迟完成的那一天，很少有提前完成的。大多数情况下，都是项目延期或者是勉强按期完成任务。

关键链法：关键路径法是尽早开始工作安排，尽可能提前；而关键链法是尽可能推迟工作安排。

解决办法：压缩时间估算，增加安全时间余量，把时间作为公共资源统一调度，将其用到真正需要的地方，可大大缩短工期。

## 3.6.2 项目进度计划

项目进度管理图示主要有甘特图、里程碑图、网络图、资源图等。

**1. 甘特图**

甘特图简单直观，易学习，易绘制。在甘特图上可以很容易地查到任务的开始时间和结束时间。某软件项目的甘特图如图 3-5 所示。将分解的任务垂直排列，而水平轴表示任务的起始时间。从甘特图上可以很容易看出各个活动的起始时间，却无法反映某一项活动进度的变化对整个项目的影响情况。

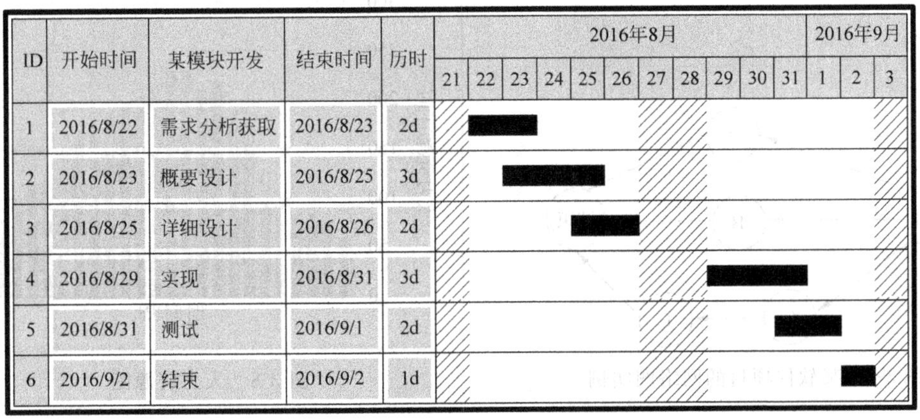

ID
开始时间
某模块开发
结束时间
历时
2016年8月
2016年9月
21 22 23 24 25 26 27 28 29 30 31 1 2 3
1 2016/8/22 需求分析获取 2016/8/23 2d
2 2016/8/23 概要设计 2016/8/25 3d
3 2016/8/25 详细设计 2016/8/26 2d
4 2016/8/29 实现 2016/8/31 3d
5 2016/8/31 测试 2016/9/1 2d
6 2016/9/2 结束 2016/9/2 1d

图 3-5 某软件项目的甘特图

**2. 里程碑图**

里程碑图按时间顺序记录各时间点对应的一系列重要活动完成情况,它不消耗资源和时间。图 3-6 所示为某项目的里程碑图。从图中可以看出,该项目在 2016 年 9 月 1 日完成可行性研究,2017 年 1 月 6 日完成测试。

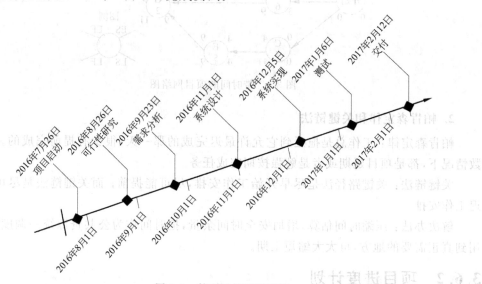

图 3-6　某项目的里程碑图

**3. 网络图**

图 3-7 所示为某软件项目的网络图实例。

**4. 资源图**

资源图用来表示项目进展过程中所涉及的物质资源分布情况。主要包括人力资源和设备资源,如图 3-8 所示。

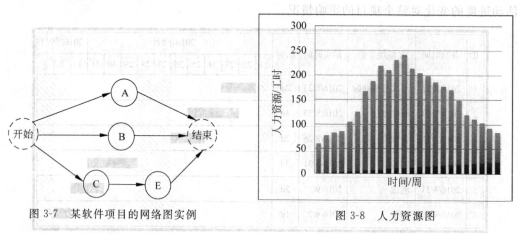

图 3-7　某软件项目的网络图实例　　　图 3-8　人力资源图

### 3.6.3　进度基准

进度基准是经过批准的进度计划,用作与实际结果进行比较的依据。

## 3.7 进度控制

软件项目进度控制主要目的在于监督项目活动的状态,更新项目进度,管理进度基准变更,从而实现项目计划的过程。

### 3.7.1 进度审查

进度审查的技术有趋势分析法、关键路径法和挣值管理法等。

(1) 趋势分析法。分析项目进度趋势,判断进度是否按计划完成。

(2) 关键路径法。根据关键路径审查确保进度按照计划进行。

(3) 挣值管理法。通过挣值分析弄清项目在进度上的偏差。采用进度绩效测量指标,如进度偏差和进度绩效指数评价偏离初始进度基准的程度。如果偏差较大,则需要进一步对项目进行分析,保证进度按计划完成。

### 3.7.2 进度优化与控制

为了保证项目按期完成,有时需要对进度进行优化和控制。主要由以下4种方法来实现。

(1) 进度预测与资源优化。通过进度预测,分析项目实际进展情况,若二者存在偏差,则采取措施进行进度优化。项目资源进行优化配置,从而充分利用资源,加快项目进度。

(2) 提前量和滞后量。项目每项活动设置余量。

(3) 进度压缩。为了赶进度,在不改变项目范围、进度制约条件等其他进度目标的前提下缩短项目的进度时间。

(4) 进度控制。使用项目管理软件进行进度安排,能够直接或间接地同其他项目管理软件结合起来,综合进行项目管理,如根据时间段进行费用估算、定量风险分析中的进度模拟等。

### 【案例研究】

利原公司是一家专门从事系统集成和应用软件的开发公司,公司目前有员工50多人,公司有销售部、软件开发部、系统网络部等业务部门,其中销售部主要负责进行公司服务和产品的销售工作,他们会将公司现有的产品推销给客户,同时也会根据客户的具体需要,承接应用软件的研发项目,然后将此项目移交给软件开发部,进行软件的研发工作。

软件开发部共有开发人员18人,主要是进行软件产品的研发及客户应用软件的开发。

经过近半年的跟踪后,2015年元旦,销售部门与某银行签订了一个银行前置机的软件系统的项目。合同规定:5月1日之前系统必须完成,并且进行试运行。在合同签订后,销售部门将此合同移交给了软件开发部,进行项目的实施。

　　小伟被指定为这个项目的项目经理,小伟做过 5 年的金融系统的应用软件研发工作,有较丰富的经验,可以做系统分析员、系统设计等工作,但作为项目经理还是第一次。项目组还有另外 4 名成员:1 个系统分析员(含项目经理),2 个有 1 年工作经验的程序员,1 个技术专家(不太熟悉业务)。项目组的成员均全程参加项目。

　　在被指定负责这个项目后,小伟制订了项目的进度计划,简单描述如下。

　　(1) 1 月 10 日—2 月 1 日,需求分析。

　　(2) 2 月 2 日—2 月 25 日,系统设计,包括概要设计和详细设计。

　　(3) 2 月 26 日—4 月 1 日,编码。

　　(4) 4 月 2 日—4 月 30 日,系统测试。

　　(5) 5 月 1 日,试运行。

　　但在 2 月 17 日小伟检查工作时发现详细设计刚刚开始,2 月 25 日肯定完不成系统设计阶段的任务。

**讨论:**

　　1. 请问此 WBS 的编制是否存在不足?

　　2. 项目在实施过程中出现实际进度与计划进度不符是否正常? 小伟在这个项目进度的管理中存在问题吗?

　　3. 试分析导致详细设计 2 月 17 日才开始进行的原因有哪些?

　　4. 请问小伟应该采取哪些措施才能保证此项目的整体进度不被拖延?

### 【思考题】

　　1. 软件项目的时间管理主要包括哪些内容?

　　2. 软件项目常用的进度计划方法有哪些?

# 第 4 章

# 成 本 管 理

## 4.1 软件项目成本管理概述

软件项目的成本管理是为了确保项目在既定预算内按时、按质、经济、高效地实现项目目标所开展的一种项目管理过程。软件项目的成本管理一般包括成本估算、成本预算和成本控制。

### 4.1.1 软件项目成本管理相关概念

软件项目规模一般是指所开发软件的规模大小,它的度量方法一般有两种:源代码程序长度的测量(Lines of Code)和系统功能数量的测量(Function Point)。软件项目工作量是指为了提供软件的功能而必须完成的软件工程任务量,其度量单位为人月、人天、人年,即人在单位时间内完成的任务量。

1)软件项目成本

软件项目的成本是指完成软件项目工作量相应付出的代价,即待开发软件项目所需要的资金。其中,人的劳动消耗所需要的代价是软件开发的主要成本。成本一般采用货币单位来计算,如人民币、美元等。

2)工作量和成本的关系

工作量是项目成本的主要考虑因素,完成项目工作量所消耗的成本是项目成本最主要的部分。因此,项目的工作量估算和成本估算常常同时进行。

如果确定了单位工作量所消耗的成本,则可根据项目工作量直接计算出完成项目工作量所消耗的成本。

3)软件项目成本的构成

软件项目通常是技术密集型项目,其成本构成与一般的建设项目有很大区别,其中最主要的成本是在项目开发过程中所花费的工作量及相应的代价,它不包括原材料及能源的消耗,主要是人的劳动消耗。

4）软件项目成本管理的内容和目标

软件项目成本管理的内容包括成本估算、成本预算和成本控制。

现实中,软件项目经常成本超支,这是因为项目需求含糊,经常会由于客户不断变化的实际要求而变更计划;项目成本结构复杂,成本核算方法和实施难度大;成本的估算不合理,行业标准不明确,尤其是间接成本的估算没有标准成熟的方法和科学依据;项目涉及新的技术或商业过程,有很大的内在风险。成本管理的主要目的就是将项目的运作成本控制在预算的范围内,或者控制在可以接受的范围内。

## 4.1.2　影响项目成本超支的主要因素

一般来讲,影响软件项目成本超支的主要因素包括以下几种。

（1）软硬件购置成本。这部分费用虽然可以作为企业的固定资产,但因技术折旧太快,需要在项目开发中分摊一部分费用。

（2）人工成本(软件开发、系统集成费用)。主要是指开发人员、操作人员、管理人员的工资福利费等。在软件项目中人工费用总是占有相当大的份额,有的可以占到项目总成本的80%以上。

（3）维护成本。维护成本是在项目交付使用之后,承诺给客户的后续服务所必需的开支。可以说,软件业属于服务行业,其项目的后期服务是项目必不可少的重要实施内容。所以,维护成本在项目生命周期成本中占有相当大的比例。

（4）培训费。培训费是项目完毕后对使用方进行具体操作的培训所花的费用。

（5）业务费、差旅费。软件项目常以招投标的方式进行,并且会经过多次的谈判协商才能最终达成协议,在进行业务洽谈过程中所发生的各项费用,如业务宣传费、会议费、招待费、招投标费等,必须以合理的方式计入项目的总成本费用中去。此外,对异地客户的服务需要一定的差旅费。

（6）管理及服务费。这部分费用是指项目应分摊的公司管理层、财务及办公等服务人员的费用。

小　提　示

**隐形成本浪费**

（1）设计成本浪费。设计人员在设计时,更多的是关心功能,而忽略成本。而项目管理者缺乏引导,导致项目成本浪费严重。

（2）人力成本浪费。研发的人员成本会占到很大的比重,导致在资源的使用上出现人员成本浪费严重的现象。如果没有计入项目成本中,就会出现某些项目的财务从表面上来看,是盈利的,但是,考虑到人力成本,就可能是亏损的。

（3）机会成本丢失。失去客户的信任等于失去了市场机会,失去了企业的发展机会。这种机会成本的浪费非常可怕。

（4）管理成本浪费。由于管理水平有限,部门之间缺乏配合与协助,各个部门各自为政,难以形成合力,企业的运营效率自然会受到影响。每天各种会议满天飞,但是会议效率又不高,种种情况都是造成管理成本浪费的表现。

**【案例研究】**

一个项目经理在开发一个为期 10 个月的项目,3 周后得到客户通知,项目要在不增加成本、不影响范围和质量的情况下,需要在 8 个月内完成项目。如果你是该项目的经理,你应该怎么做?

# 4.2 成本估算

成本估算是对完成项目所需费用的估计,它是项目成本管理的一项核心工作,其实质是通过对项目进行详细的分析,以确定完成项目各阶段所需资源的成本的近似估算活动。由于影响软件成本的因素太多(人、技术、环境等),成本估算仍然是很不成熟的技术,大多数时候需要经验。目前没有一个估算方法或者成本估算模型可以适用于所有软件类型和开发环境。

## 4.2.1 成本估算的方法

即使不同内容的项目,其成本估算内容也不尽相同,但完成估算所需要的工具和技术基本一致。根据估算元在 WBS 中的层次关系,软件成本估算可以分为代码行估算法、功能点估算法、类比估算法、自下而上的成本估算法、参数估算法和参数化建模法等。

**1. 代码行估算法**

用软件项目的代码行数(LOC)表示软件项目的规模是十分自然和直观的。代码行数可以用人工或软件工具直接测量。几乎所有的软件开发组织都保存软件项目的代码行数记录。软件开发初期,利用代码行数不仅能度量软件的规模,而且还可以度量软件开发的生产率、开发每行代码的平均人力成本、文档与代码的比例关系、每千行代码存在的软件缺陷个数等。

**2. 功能点估算法**

功能点估算法是软件项目管理众多知识中比较有技术含量的一个。在软件项目管理中,项目计划制订的优劣直接关系到项目的成败,项目计划中对项目范围的估算又尤为重要。如果项目负责人对项目规模没有一个比较客观的认识,没有对工作量、所需资源、完工时间等因素进行估算,那么项目计划也就没有存在的意义了。

面向功能的软件功能点度量是 Albrecht 于 1979 年提出的,目前使用十分普遍。它与统计代码行数的直接度量方式不同,它是涉及多种因素的间接度量方法。最初它是根据事务信息处理程序的基本功能定义的,后来进行了扩充。使用功能点度量在软件系统概要设计阶段或软件体系结构设计阶段就能够估算出软件的规模。

### 3. 类比估算法

类比估算法也称为基于案例的推理法,估算人员根据以往完成的类似项目(源案例)所消耗的成本(或工作量)来推算将要开发的软件(目标案例)的成本(或工作量)。这种估算法需提取项目的一些特性作为比较因子,如项目类型(MIS 系统、实时系统等)、编程语言、项目规模、开发人员数量、软件开发方法等。利用这些比较因子确定源案例与目标案例之间的匹配程度。

在新项目与以往项目只有局部相似时,可行的方法是"分而治之",即对新项目适当地进行分解,以得到更小的任务、工作包或单元作为类比估算的对象。通过这些项目单元与已有项目的类似单元对比后进行类比估算。最后,将各单元的估算结果汇总得出总的估计值。在项目初期信息不足时(例如市场招标和合同签订),且有以往类似项目的数据时,适于采用类比估算法。该方法简单易行,花费少,但具有一定的局限性,准确性差。

### 4. 自下而上的成本估算法

自下而上的成本估算与类比估算法的成本预算不同。自下而上的成本估算法也被称为基于活动的成本估算,单个工作条目的大小和详细程度以及评估者的经验都将影响评估的准确性。

自下而上的成本估算法先按照工作分解结构估算各个工作包的成本,然后自下而上汇总各项估算结果,产生更高一级的工作分解结构项的估算,直至最终估算出整个项目的成本总和。此方法的前提是具有明确详细的工作分解结构,并且每一项工作项目内容明确,能清楚识别每一项具体的工作任务、人员及数量,最终对工作包能进行准确成本估算。

这种方法适合在项目详细设计方案完成后采用,项目经理可让每一个工作包的负责人做出一个成本估算,或者至少做出资源需求数量的预算,而财务负责人就可以根据提供的各个工作包的成本、资源需求数量或资源成本率等核算出整个项目的成本估算。由于该方法使用了更细的工作包作为估算对象,并且有可能使不熟悉具体工作的基层工作人员参与估算,所以整体估算精度会提高。

自下而上的成本估算法实质是需要估算最小工作包或最详细的计划活动的成本,然后将这些具体详细成本汇总,便于达到报告和跟踪目的。缺点是这种估算工作本身工作量较大,通常占用比较密集的时间,做出的成本估计相对昂贵。需要决策层考虑是否值得为提高成本估算的准确性而增加费用。自下而上估算方法的成本与准确性取决于个别IT 项目的规模和复杂程度。

通过分析可以采取二者相结合的成本估算法进行取长补短。即针对项目的某一主要子项目进行工作结构的详细分解,运用自下而上的成本估算法层层汇总,得到子项目的成本估算值。然后以该子项目的成本估算值为依据,参考中高层管理人员或专家意见,对同层次的其他子项目进行自上而下估算的成本估算。最后汇总各个子项目的费用,得到整个项目的总成本估算值。这种方法的估算对象是项目的主要组成部分,其他次要部分可按照经验粗略估算。

**5. 参数估算法**

参数估算法是使用项目特性参数建立经验估算模型来估算成本。经验估算模型是通过对大量的项目历史数据进行统计分析(如回归分析)而导出的。经验估算模型提供对项目工作量的直接估算。该方法简单,而且比较准确,但如果模型选择不当或提供的参数不准确,也会产生较大的偏差。

**6. 参数化建模法**

参数化建模法又称为参数模型成本估算法,是一种比较传统、科学的估算方法。该方法将项目的某些特征或变量作为参数,通过建立数学模型来预测项目成本。

这种技术估算的准确度取决于模型的复杂性及其涉及的资源数量和成本数据,如果建立模型所用的历史信息是精确的,项目参数易于量化,并且项目模型就项目规模而言是灵活的,则参数模型具有可靠性;否则该方法的精确性是不确定的。同时,模型的复杂度和建立费用也有很大差异。

运用参数模型成本估算法的关键问题是确定哪些是影响成本最重要的因素,即确定成本动因,以成本动因作为估算成本的依据,而对成本影响较小的因素则忽略不计。因此,这种方法的优点在于快速易用,只需小部分信息就可以据此得到整个项目成本的估算结果。缺点是如果不经模型的校准和验证,参数模型可能不准确,导致估算的成本精度不高。

而如果用于校准和验证的历史数据有问题或不适用,估算出的费用误差会较大。因此,历史数据的精准度、用于建模的参数是否易于量化处理和模型是否具有通用性等因素是影响参数化建模法估算成本准确度的主要因素。

## 4.2.2 成本估算的交付物

**1. 活动成本估算**

活动成本估算是指完成计划活动所需资源的可能费用的定量估计,其表述可详可略。所有应用到活动成本估算的资源均应列入估算范围,其中包括但不限于人工、材料、物以及诸如通货膨胀或费用应急储备等特殊范畴。

**2. 活动费用估算支持细节**

计划活动费用估算的支持细节的数量和类型,随着应用领域的不同而不同。无论支持细节详细程度如何,支持文件应提供清晰、专业、完整的资料,通过这些资料可以得出成本估算。

**3. 请求的变更**

成本估算过程可以产生影响成本管理计划、活动资源要求和项目管理计划的其他组成部分的变更请求。请求的变更通过整体变更控制过程进行处理和审查。

**4. 成本管理计划**

如果批准的变更请求是在成本估算过程中产生的,并且将影响费用的管理,则应更新项目管理计划中的成本管理计划。

## 高效开会小技巧

发出会议邀请，详细说明会议的目的、预定的开始和结束时间以及会议地点。

发出会议议程，讲明会议目的，列出将要讨论的主要话题。

1. 会议期间

(1) 准时开始。

(2) 检查执行程序。

(3) 安排记录员记录好所做决定以及导致做出这一决定的关键要点。

(4) 使用会议议程，确定会议结构。

(5) 推动各项话题得出决定。

(6) 在讨论持续期间，必须有人负责监控整个小组，并控制小组成员的参与行为。

2. 会议结束

(1) 回顾所做的各项决定和行动项目，对会议进行总结。

(2) 确认下次会议日期。

(3) 借助会议程序的评估工作，简要概括每次会议。

(4) 准时结束，或在得到小组成员同意的情况下晚点结束。

3. 会议之后

发出会议备忘录。发出得越早，人们就越有可能阅读它们，并对它们做出相应的反应。

# 4.3 成本预算

## 4.3.1 成本预算概述

项目成本预算是进行项目成本控制的基础，是项目成功的关键因素。项目成本预算的中心任务是将成本估算分配到项目的各个工作包中，估计项目各活动的资源需求量，这些工作包都是基于 WBS 分解的结果。

项目成本预算的具体工作是对各具体的活动进行估算，确定项目各活动的费用定额，主要目的是为衡量项目绩效和项目资金需求提供一个成本基线，也确定了项目意外开支准备金的标准和使用规则，从而为测量项目实际绩效提供标准和依据。在预算过程中，可能会更新项目文件，如对项目范围说明书或项目进度表中的工作包进行增加、变更或移除。

在此过程中，项目组织会明确劳动成本、服务或购买货物而向供应商提供的资金数，常见的预算包括差率费、贬值概率、租借和其他供应等。因此，在成本预算之前，应该明确各项预算的种类，从而确保有针对性地收集数据。成本预算的最终目的是合理地降低成本，节约资源，同时也为法律和税收提供有效的信息。

项目成本预算有以下几个方面的作用。

**1. 分配资源**

对涉及项目的人员构成一种约束,其中包含两个方面的约束,一是特定时期的约束;二是在特定时期内特定资源的约束。一旦发现某个阶段的成本超出预算,需要及时采取措施。

**2. 成本预算是一种控制机制**

可以用该标准来衡量实际用量和计划用量之间的差异,为项目管理者提供管理的标尺,为成本控制提供依据。

**3. 成本预算具有变更性**

当项目发生变更时,需要同时变更成本预算,根据实际情况的变化及时核算、对比、分析,以调整预算或加强管理,为资金需求提供及时、有效的信息,保证将项目的成本偏差控制在合理范围内。

**4. 成本预算是整个资源系统的总体规划**

成本预算帮助管理者及时发现项目实施中各阶段的成本偏差,避免小偏差的累积最终酿成严重后果。

项目成本预算的内容主要包括耗费人工类成本预算、咨询服务类成本预算、资源采购类成本预算和意外开支类准备金预算。

## 4.3.2　成本预算的过程

**1. 成本汇总**

计划活动成本估算根据工作分解结构汇总到工作包,然后把工作包的成本估算汇总到工作分解结构中的更高级别,最终形成整个项目的预算。

**2. 准备金分析**

项目成本管理通过进行准备金分析,形成应急准备金存储,如管理应急准备金。该准备金用于应对项目中未计划的活动支出,但有可能需要的变更。风险分析中确定的风险可能会导致这种变更。

管理应急准备金是为应对未计划、但有可能需要的项目范围和成本变更而预留的预算,并且子项目经理在动用或支出这笔准备金前必须获得批准。管理应急准备金不是项目成本基准的一部分,但包含在项目的预算内。因为它们不作为预算分配,所以也不是挣值计算的一部分。

**3. 参数估算**

参数估算技术是指在一个数学模型中使用项目特性(参数)来预测总体项目费用。参数模型可以相对简单。例如,居民房屋购买所需成本,按每平方米居住面积费用计算。也相对复杂,如IT软件编制成本的参数估算模型,可以使用16个独立的调整系数,每个系数都有5~7个点。

使用参数模型成本估算法进行项目成本估算的准确度起伏变化相对较大。但该方法在下列情况下相对可靠。

(1) 用于建立参数模型的历史信息是准确的。

(2) 在模型中使用的参数是很容易量化,便于进行计算。

(3) 参数模型可以扩展,对于大型项目和小型项目都兼容。

### 4. 资金限制平衡

对项目运行而言,项目经理都期待资金的阶段性支出相对稳定。

因此,资金的花费在由客户或执行者设定的项目资金支出的界限内进行资金的平衡操作。需要对工作进度安排进行调整,以实现支出平衡,这可通过在项目进度计划内为特定工作包、进度里程碑或工作分解结构 WBS 组件规定时间限制条件来实现。

进度计划的重新调整将影响资源的分配。如果在进度计划的制订过程中以资金作为限制性资源,则可根据新规定的日期限制条件重新进行该过程。经过这种交叠的规划过程形成的最终结果是成本基准。

## 4.3.3　成本预算的输入

项目成本预算的主要输入内容有以下几项。

### 1. 项目范围说明书

可在项目章程或合同中正式规定项目资金开支的阶段性限制。这些资金的约束在项目范围说明书中有所反映,可能是由于买方组织和其他组织(如政府部门)需要对年度资金进行授权所致。

### 2. 工作分解结构

项目工作分解结构(WBS)确定了项目的所有组成部分和项目可交付成果之间的关系。

### 3. 工作分解结构字典

工作分解结构字典(WBS 字典)和相关的详细工作说明书,确定了可交付成果及完成每个交付成果所需 WBS 组件内各项工作的说明。

### 4. 活动成本估算

汇总一个工作包内每个计划活动的成本估算,从而获得整个项目的成本估算。

### 5. 合同

依据采购的产品、服务或成果及其成本等合同信息进行成本预算。

### 6. 项目进度计划

项目进度计划包括项目计划活动的计划开始和结束日期、进度里程碑、工作包、计划包和控制账目,根据这些信息将成本按照其拟定发生的日历期限汇总。

### 7. 风险管理计划

风险管理计划描述风险识别的定性分析、定量分析以及应对规划,监控项目周期内项目成本的安排与实施。通常包括成本应急储备,所需数量根据成本估算的期望精确度加以确定。

**8. 成本管理计划**

在编制成本预算时将考虑项目管理计划的成本管理从属计划和其他从属计划。

## 4.3.4 成本预算的输出

在软件项目中,开发人员是全职在系统集成项目中工作的,而项目经理和其他质量保证及配置管理人员不是全职在这个项目中工作的,他们还同时管理其他项目。因此,进行成本估算时,应该根据项目成员参与系统集成项目工作的时间及各项任务的具体情况进行成本预算,最后得到比较详细的成本分配方案,即成本基准。

项目成本预算过程通常包括以下两个步骤。

(1) 将项目的成本估算按照项目计划分摊到工作分解结构的各个工作包。

(2) 在整个工作包期间进行工作包的预算分配,保证任何时间点都能确定预算支出。最后形成成本预算的输出。

项目成本预算的主要输出结果有以下几项。

**1. 项目总预算成本的分配**

根据项目预算的输入内容,将项目总成本估算分摊到每个工作包的成本要素中(如材料、人力、设备等),再分摊到工作分解结构中的每个工作包,并为每个工作包建立总预算费用(Total Budget Cost,TBC)。

在项目开始后,需要对每一项具体活动做详细说明并制订网络计划,在此基础上对每项活动进行时间、资源和成本的估计。每个工作包的总预算成本就是组成各个工作包的所有活动成本的合计。

**2. 累计预算成本的制订**

WBS 中的每个工作包一旦建立了 TBC,就可以将 TBC 分摊到工作包整个工期的各个进度区间中,以此确定每个工作包的每个工作区段耗费了多少成本预算。截至某一时间节点,之前每期所有预算成本的合计即为累计预算成本(Cumulative Budgeted Cost,CBC),也就是到某期为止的工程预算值。

**3. 项目成本预算的输出**

成本预算的输出是基准成本,就是以时间为自变量的预算,用于衡量和监督项目实际执行成本支出。

小 提 示

一个项目从概念形成到项目结束,称为项目循环时间(Project Cycle Time),这个时间越短,企业就越快享有项目产生的价值,投资也越快得到回收。因此,缩短项目循环时间,可以为企业增加现金流量,减少项目投资,同时增加经济价值。然而,如何在控制成本的同时,又兼顾品质及缩短项目循环时间? 以下有 6 个原则可供参考。

1. 选派训练有素的项目经理人

选择项目经理人时,不可以因为他是技术背景出身,就委派他为项目经理人。项目经理人必须充满热忱,受过训练,因为他要为项目成败负责。

2. 迅速建立标准程序

建立项目标准程序的速度要快,但不需要完善。不完善的标准程序可以让问题凸显出来,进而加速形成解决问题的方案。

3. 组织核心团队

项目团队应该由跨部门的人员组成,当问题发生时,可以获得不同部门的意见和支援,有效解决问题。同时,项目成员还应该包含终端使用者或顾客。核心成员必须有始有终地参与。

4. 确保团队成员全职负责项目

为了加速项目的完成,团队成员应该一次只负责一个项目,避免同时负责多个项目而削弱力量。

5. 团队成员最好避免分处各地

团队成员应该在同一个区域工作,彼此沟通协调较容易。

6. 高阶主管的支持

项目失败通常是因为高阶主管没有参与。项目一旦开始推行,高阶主管负有全程参与的责任。

# 4.4 成本控制

## 4.4.1 成本控制概述

项目成本控制是指在项目实施过程中,按照事先确定的项目成本预算基准,通过运用适当的技术和管理手段(如挣值管理),对项目实施过程中所消耗的成本使用情况进行管理控制,以确保项目的实际成本限定在项目成本预算范围内,使项目成本全程置于有效的成本监控范围内。

在整个项目周期内,为了做好成本控制工作,应该对 WBS 中的每一项任务进行严格的成本核算,确保一切费用支出都控制在计划成本内,同时尽可能地降低成本和损耗。

项目成本控制是落实成本资源规划的具体实施,为了保证成本规划在项目执行过程中得到全面、及时、有效的贯彻执行,需要从影响成本的因素着手,制订相应的处理方案、技术和经济措施。项目成本控制主要包括以下 6 个方面的内容。

(1) 监督费用绩效。找出与成本基准的偏差,确保在修订的成本基线中包括适当的项目变更,并将对成本有影响的授权变更通知到项目的利益相关者。

(2) 确保变更请求获得批准,当项目发生变更时进行管理。

(3) 对造成成本基准变更的因素施加影响,以保证所有变更均经过有关方面的认可,并向有利的方向发展。

（4）保证潜在的成本支出不超过授权的项目阶段准备金和总体资金，并采取适当措施，将预期的费用支出控制在可接受的范围内。

（5）将所有与成本基准的偏差准确记录在案，并且防止错误的、不恰当的或未批准的变更被纳入成本或资源的使用报告中。

（6）查找实际成本与计划成本发生正、负偏差的原因，使其成为整体变更控制的一部分。采取行之有效的纠正措施，若对成本偏差采取不适当的应对措施，就可能造成质量或进度问题，或在项目后期产生无法接受的巨大风险。

有效成本控制的关键因素是及时分析成本的绩效，尽早发现成本的无效性和出现偏差的原因，以便在项目成本失控之前能够及时采取纠正措施。同时，项目成本控制的过程必须与项目的其他控制过程（如项目范围变更、进度计划变更和项目质量控制等）紧密结合，防止单纯控制项目成本而出现项目范围、进度、项目质量等方面的问题。

## 4.4.2　成本控制的主要依据

项目成本控制工作的主要依据有以下几个方面。

**1. 项目的绩效度量报告**

对实际发生的绩效度量报告中提供项目成本和资源绩效的相关信息进行评价与分析，反映实际的预算执行情况，以用于评价、考核和控制项目成本。

**2. 项目管理计划**

项目管理计划是项目成本控制工作的重要指导文件，当执行成本管理控制过程时，应考虑成本控制事前的计划与安排、事中具体控制措施和办法以及事后的纠偏措施和工作安排。

**3. 项目变更请求**

变更请求可以由客户或项目经理提出，也可能由项目活动的变更引发或造成，整体变更控制过程的审定变更请求中，可包括对合同的费用条款、项目范围、费用基准或费用管理计划的修改，无论哪种变更请求必须经过审核与批准；否则会造成项目成本的各种不必要的损失或纠纷。

**4. 工作绩效信息**

工作绩效信息是指收集正在执行的项目活动的相关信息，包括状态和支出信息、阶段性完成工作量的百分比、尚未完成工作所需成本的估算、已授权和实际发生的成本以及已完成的和还未完成的可交付成果等。

## 4.4.3　成本控制的输出

开展项目成本控制工作可降低项目成本和提高项目价值，成本控制的结果是实施成本控制后项目发生了一系列变化，包括成本估算发生更新、成本预算更新及各项纠正措施等。具体输出内容如下。

**1. 成本估算更新**

成本估算更新是为变更需要而修改成本信息，不必调整全部项目计划的其他工作内容。成本估算更新后,应通知项目利益相关者。修改后的成本估算可能要求对项目管理计划的其他方面进行调整。

**2. 成本预算更新**

在某些特殊情况下,成本偏差可能极其严重,以至于需要修改成本预算基准,才能对绩效提供一个现实的衡量基础。而对批准的成本基准所做的变更会引起成本预算更新,所以通常仅在进行项目范围变更的情况下才进行预算的更新和修改。

**3. 项目管理计划更新**

项目管理计划更新包括计划活动更新、工作包更新、成本估算和成本基准更新、项目预算文件更新等。应根据审定的所有影响这些文件的变更请求来更新这些文件。

**4. 纠正措施**

纠正措施是为使项目预期绩效与项目管理计划一致所采取的行动。成本管理领域的纠正措施经常涉及调整计划活动的预算,如采取特殊的行动来平衡成本偏差等。

 小 提 示

### IT 项目运行中有效降低成本的建议

IT 项目成本包含了很多内容,要降低成本就必须全方面入手,尽可能减少项目中不必要的成本。以下是关于控制成本的一些建议。

(1) 进度控制。绝大多数项目费用超支都与项目延期相关,延期会造成人工成本、各种费用的增加。所以,项目经理尽量不要让项目延期,尤其不能因为某一问题拖累整个项目导致延期,如果存在一些造成延期的因素,一定要慎重对待。

(2) 人员成本控制。人员结构要在能够完成任务的前提下高低搭配,降低平均人员成本。

(3) 提高工作效率。主要强调使用工具软件、开源代码,加强内部培训,减少返工。具体方法:一是善于使用谷歌等工具搜索解决方案、源代码;二是不断总结开发注意事项给开发组培训。

(4) 控制费用。具体如下。

① 办公场地租金。如果需要在用户现场开发实施,一定要让用户提供办公场所。

② 差旅费用。长期驻外地开发实施,可以考虑租房取代宾馆。如果是零星出差,要尽量减少出差人次;尽量电话沟通、远程演示交流。

③ 不好控制的费用。最常见的是市内打车票、加班餐费。建议根据每个人负责的区域、工作量等因素,制订几档标准,搞费用包干。

## 4.4.4　成本控制的方法与技术

挣值管理法(Earned Value Management,EVM)是项目管理领域中进行绩效评价非常有效的成本控制工具。当给定成本绩效的基线(Baseline)后,通过输入项目实际信息就

可以确定项目达到的范围、时间和成本等目标的程度,是一种项目绩效测量技术。

挣值管理法主要作用是为项目工作分解结构的每个任务提供相关参数。挣值管理法有 3 个涉及计算项目工作分解结构中各项活动或汇总活动的独立参数。

**1. 计划值**

计划值(Planned Value,PV)又称预算。即计划在一定时期内,整个成本估算中用于某项活动的已经获得批准的那部分价值。主要反馈项目进度计划应当完成的工作量,是项目控制的基准曲线。计划值的计算公式为

$$PV = 计划工作量 \times 预算定额$$

**2. 实际成本**

实际成本(Actual Cost,AC)是指在一定周期内完成计划活动或 WBS 组件工作发生的直接成本和间接成本总和。实际成本在定义和内容范围方面必须与计划值和挣值相对应。即项目实施过程中,又称"消耗投资额",主要反映项目执行的实际消耗指标。

**3. 挣值**

挣值是指项目实施过程中,到某一时间节点,已经完成的工作(或部分工作)以批准认可的预算为标准所需要的资金总额,又称为"已完成投资额"。由于客户是根据这一预算值为企业已完成的工作量支付相应的费用,也就是企业获得(挣得)的金额,故称挣值(Earned Value,EV),也叫挣得值。当然,已完成工作必须经过验收且符合质量要求。挣值(EV)计算公式为

$$EV = 已完工作量 \times 预算定额$$

这 3 个成本值实际上是 3 个关于时间的函数,即

$$PV(t) \quad (0 \leqslant t \leqslant T)$$
$$AC(t) \quad (0 \leqslant t \leqslant T)$$
$$EV(t) \quad (0 \leqslant t \leqslant T)$$

式中:$T$ 为项目完成时点;$t$ 为项目进展中的监控时点。理想状态下,3 条函数曲线应该重合于 $PV(t)$。

通过应用挣值管理法分析项目的执行情况,从而对项目进行时间和成本的控制。因此,项目经理在管理过程中,应该使用挣值管理法对项目的绩效进行预测和管理,具体步骤如下。

(1)项目经理通过监控某一时间节点的计划工作量,分析得出计划值(PV)并找出偏差产生的原因。

(2)根据挣值(EV)与计划值(PV),估算预计完成项目的时间,计算项目进度绩效指数(SPI)。

(3)根据挣值(EV)与实际费用(AC)的比值,估算完成项目的预计成本,计算成本绩效指数(CPI)。

(4)度量当前时间节点的任务完成情况,确定已完成工作量的挣值(EV)。

(5)根据已计算差的参数,分析成本偏差(CV)和进度偏差(SV)以及成本绩效指数(CPI)和进度绩效指数(SPI),判断项目执行情况。

（6）如果出现严重的成本和进度差，超出了预先制订的偏差容忍程度，则需要找出原因，重新编制成本和进度基准线，对成本和进度进行可调控变更，实施改正措施。

## 项目成本管理相关术语

基于活动的估算（Activity-Based Costing，ABC）

应急费用预算（Budget Contingency）

完工预算（Budgeted Cost at Completion，BAC）

最终估算（Definitive Estimates）

直接成本（Direct Costs）

可行性估算（Feasibility Estimates）

间接成本（Indirect Costs）

一次性成本（Nonrecurring Costs）

参数估算（Parametric Estimation）

经常性成本（Recurring Costs）

自上而下的预算（Top-down Budgeting）

实际成本（Actual Cost，AC）

挣值（Earned Value，EV）

计划值（Planned Value，PV）

项目基准计划（Project Baseline）

项目 S 曲线（Project S-Curve）

进度偏差（Schedule Variance）

自下而上的预算（Bottom-up Budgeting）

成本估算（Cost Estimation）

赶工（Crashing）

控制循环（Control Cycle）

加速成本（Expedited Costs）

固定成本（Fixed Costs）

学习曲线（Learning Curve）

正常成本（Normal Costs）

项目预算（Project Budget）

分阶段预算（Time-Phased Budget）

变动成本（Variable Costs）

里程碑（Milestone）

挣值管理（Earned Value Management，EVM）

成本绩效指数（Cost Performance Index，CPI）

项目控制（Project Control）

进度绩效指数（Schedule Performance Index，SPI）

跟踪甘特图（Tracking Gantt Charts）

## 【思考题】

### 1. 选择题

（1）如果 PV=2200 元，EV=2000 元，AC=2500 元，这个项目的 CPI 是（ ）。截至目前，这个项目的 CPI 告诉我们的成本业绩是（ ）。

　　A. 0.20,实际成本与计划成本一样多　　B. 0.80,实际成本超过计划成本

　　C. 0.80,实际成本少于计划成本　　D. 1025,实际成本超过计划成本

（2）在成本估计中必须考虑直接成本、间接成本、营业成本、总成本以及管理成本。下面（ ）不是指成本用的例子。

　　A. 项目所使用的原料　　B. 电力

　　C. 项目经理的薪水　　D. 转包商费用

（3）对一个大项目准备成本估算，因为估算需要尽可能准确，准备进行自下而上的估算。则第一步工作是（　　）。

　　A. 确定在进程中需要的计算工具

　　B. 确定并且估计每一个工作条目的费用

　　C. 利用前面的项目费用估计来帮助准备这个费用估计

　　D. 向这个方面的专家咨询，并且将他们的建议作为你的估计的基础

（4）你是一个项目经理，已经批准了原定的成本基准线，但是现在项目范围出现了比较大的变化，因此成本基准线也出现了变化。下一步你应该（　　）。

　　A. 执行得到通过的范围变更

　　B. 发布更新后的费用预算

　　C. 把你通过这个过程获得的经验教训记录在案

　　D. 评估范围变更的幅度

（5）下面（　　）计算方式不能用来计算项目完成的估算。（多选）

　　A. 当前的 AC 加上剩余预算

　　B. 当前的 AC 加上对所有剩余工作的重新估算

　　C. 当前挣值（EV）加上剩余的项目预算

　　D. 当前的 AC 加上根据实际情况修改的剩余预算

（6）在实施项目的成本管理时，需要编制资源计划，其目的是（　　）。

　　A. 估算完成项目活动所需的资源成本　　　B. 为估算项目的成本提供基础

　　C. 确定可用的资源　　　　　　　　　　　D. 确定完成项目活动所需的资源

（7）如果进度偏差与成本偏差是一样的，二者都大于0，那么下列表述错误的是（　　）。

　　A. 项目进度滞后　　　　　　　　　　　　B. 项目实际进度比计划进度提前

　　C. 项目实际成本比计划成本低　　　　　　D. 项目成本超支

（8）当采用自下而上的成本估算法来估算项目成本时，下列表述正确的是（　　）。

　　A. 下层人员会夸大自己所负责活动的估算

　　B. 自下而上的成本估算法是一种参与管理型的估算方法

　　C. 高层管理人员会按照一定的比例削减下层人员所做的预算

　　D. 自下而上估算出来的成本通常在具体任务方面更为精确一些

**2. 计算题**

某项目进展到 11 周时，对前 10 周的工作进行统计（到第 10 周工作应该全部完成），相关情况见表 4-1。

表 4-1　项目情况统计表

| 工作 | 计划完成工作预算费用/万元 | 已完工作量/% | 实际发生费用/万元 | 挣值/万元 |
|---|---|---|---|---|
| A | 400 | 100 | 400 | |
| B | 300 | 95 | 290 | |
| C | 600 | 60 | 350 | |
| D | 200 | 100 | 220 | |

续表

| 工作 | 计划完成工作预算费用/万元 | 已完工作量/% | 实际发生费用/万元 | 挣值/万元 |
|---|---|---|---|---|
| E | 500 | 60 | 280 | |
| F | 400 | 100 | 390 | |
| G | 800 | 60 | 500 | |
| H | 300 | 50 | 150 | |
| I | 200 | 40 | 150 | |
| 合计 | | | | |

(1) 求出第 10 周每项工作的 EV 及 10 周末的 EV。

(2) 计算第 10 周末的合计 AC、PV。

(3) 计算第 10 周末的 CV、SV 并进行分析。

(4) 计算第 10 周末的 CPI、SPI 并进行分析。

**3. 讨论题**

某 A 单位的电力信息应用系统(简称 A 系统)应用软件开发投资 600 万元。2018 年 4 月工程双方签订项目开发合同,由 B 公司负责承建。项目总工期为 25 周,计划从 2018 年 5 月 1 日启动至 2018 年 10 月 22 日全部完工。

B 公司安排李工程师负责 A 系统的建设工作。B 公司的绩效考核制度是非常严格的,对项目负责人进行考核,项目开工前要制订项目实施计划,项目完工后要对项目计划的执行情况进行考核,项目的成本目标要求控制在计划的范围内。

由于软件项目开发的主要成本为人力资源成本,为此,李工制订了详细的人力资源成本控制计划,人力资源计划成本=12 人×25 周×平均人周成本(1500 元)=450000 元。为了将软件开发人力资源费用控制在 45 万元内,李工制订了详细的项目成本管理计划。

**【讨论问题 1】**

如果你是李工应该如何制订此项目的工程成本管理计划?根据本章所学知识请以 200 字左右回答,李工的成本预算最好采用怎样的跟踪管理方法?应用软件系统开发项目中,使用此方法应注意什么?

**【讨论问题 2】**

请以 200 字左右回答,衡量软件开发实际累积人力资源成本的计算公式是什么?怎样才能控制好人力资源成本?怎样得到软件企业实际消耗的人力资源成本?

# 第 5 章

# 质 量 管 理

## 5.1 质量管理概述

威廉·戴明说过：产品质量是生产出来的，不是检验出来的。只有满足质量要求，软件过程各个阶段的计划才是有效的。由于软件开发的各个阶段都有可能引入缺陷，而潜在的缺陷越大，消除该缺陷的费用就越高。因而软件的质量管理贯穿整个软件开发周期。

为了更好地管理、控制项目最终交付的软件产品的质量，首先要制订软件项目的质量计划，然后在软件开发过程中进行缺陷跟踪，再对整个过程进行检查，并进行过程改进，从而进一步提高软件质量。

### 5.1.1 质量定义

20 世纪 90 年代，Norman 和 Robin 将质量定义为："软件产品或者服务满足明确的和隐含的需求能力的性能特性的集合。"

1994 年，ISO 8042 将质量定义为："反映实体满足明确的和隐含的需求的能力的特性的总和。"正如 ISO 8402 所规定和倡导的："质量管理是指确定质量方针、目标和职责，并通过质量体系中的质量策划、质量控制、质量保证和质量改进来使其实现的所有管理职能的全部活动。"

从不同角度看，软件质量的定义也是不同的。从用户的角度看，软件界面友好、运行可靠、不死机，系统运行速度快，结果正确，产品交货及时，服务好，即为软件质量。对于软件开发人员来说，软件质量主要是技术上无差错，符合标准及规范要求，技术文档齐全正确，系统易维护。而对于专业人员来说，他关注的软件质量主要是每千行代码中包含的缺陷数。

### 5.1.2 质量标准

(1) CMM/CMMI：能力成熟度模型/能力成熟度模型集成模型，目的是"不断地对企业软件工程过程的基础结构和实践进行管理和改进"。

（2）ISO 9000 质量体系：ISO 9001＋ISO 9000-3。

### 5.1.3 质量管理层次

（1）软件质量管理工作可以分成软件质量控制、软件质量保证、软件质量管理 3 个层次。

① 软件质量控制（Software Quality Control，SQC）是科学地测量软件过程状态的基本方法。正如机动车仪表盘上的示数，分别表示机动车行驶过程中的时速、发动机转数、可使用油量等。

② 软件质量保证（Software Quality Assurance，SQA）则是过程和程序的参考与指南的集合，就像机动车的用户手册。

③ 软件质量管理（Software Quality Management，SQM）才是质量管理操作的方法，正如教使用者如何驾驶机动车，建立质量文化和质量管理思想。

（2）从低到高软件质量管理工作分成 4 种境界。

① 检查。通过检验筛查，符合规格的软件产品为合格品，不符合规格的软件产品为次品。以保证产品的质量，相当于"软件质量控制"。

② 保证。软件开发部门根据质量目标制订质量计划，保证软件开发流程合理、流畅和稳定。相当于初期的"软件质量保证"。

③ 预防。软件质量工作以预防为主，重点在于过程管理。相当于成熟的"质量保证"。

④ 完美。以客户为中心，质量管理工作贯穿软件生命周期全过程，全员参与，追求卓越。相当于"全面软件质量管理"。

## 5.2 质量模型

软件质量贯穿于整个软件生命周期。人们通常用软件的质量模型来描述影响软件质量的特性。较常见的质量模型主要有 4 种，即 Boehm 质量模型、McCall 质量模型、ISO/IEC 9216 质量模型和 ISO/IEC 25010 质量模型。

1976 年，Boehm 等提出定量评定软件质量的概念，并首次提出软件质量的层次模型。1978 年，Walters 和 McCall 提出从软件质量要素、准则到质量的 3 层质量度量模型。1985 年，ISO 根据 McCall 的模型提出软件质量度量模型，该模型有 3 层结构。ISO/IEC 9216 质量模型提出内部质量度量和外部质量度量的概念，为软件质量标准的制订奠定了基础。

### 5.2.1 Boehm 质量模型

Boehm 质量模型认为，软件产品的质量主要可从 3 个方面来考虑，即软件的可使用性、软件的可移植性以及软件的可维护性，如图 5-1 所示。

Boehm 质量模型是分层结构，对最底层的软件质量概念引入量化标准，即可得到软

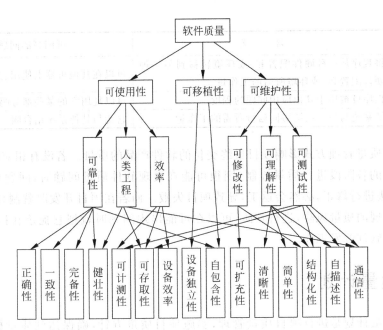

图 5-1 Boehm 质量模型

件质量的总体评估。

## 5.2.2 McCall 质量模型

McCall 质量模型由 McCall 等人于 1979 年提出,该模型主要从产品修改、产品转移和产品运行 3 个不同方面列出了影响软件质量的因素,如图 5-2 所示。

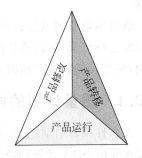

图 5-2 影响软件质量的因素

McCall 质量模型主要包括 13 个方面的质量要素,如表 5-1 所示。

表 5-1 McCall 质量模型所包括的 13 个要素

| 质量特性 | 含 义 | 可回答的问题 |
|---|---|---|
| 正确性 | 程序满足规格说明和完成用户业务目标的程度 | 它按需要工作吗 |
| 健壮性 | 系统应对意外情况的能力 | 它可适应意外环境吗 |
| 可靠性 | 程序按要求的精确度实现其预定功能的程度 | 它总能准确地工作吗 |
| 效率 | 程序实现其功能所需要的计算资源量 | 它完成预定功能时所需的资源多吗 |
| 完整性 | 软件或数据不受未授权人控制的程度 | 它是安全的吗 |
| 可使用性 | 学习、操作程序、为其准备输入数据、解释其输出的工作量 | 它可使用吗 |
| 风险 | 应对开发过程遇到的进度和预算等方面的问题所需的代价 | 可按计划完成它吗 |
| 可维护性 | 对运行的程序找到错误并排除错误的工作量 | 它可修复吗 |
| 可测试性 | 为保证程序执行其规定的功能所需的测试工作量 | 它可测试吗 |
| 灵活性 | 修改程序所需的工作量 | 它可修改吗 |

续表

| 质量特性 | 含　义 | 可回答的问题 |
|---|---|---|
| 可移植性 | 将程序从一种硬件配置和/或环境转移到另一种硬件配置和/或环境所需的工作量 | 可以在其他机器上使用它吗 |
| 复用性 | 程序可被用于其他应用问题的程度 | 可以复用它的某些部分吗 |
| 互运行性 | 某系统与另一系统协同运行所需的工作量 | 它能与其他系统结合吗 |

不同的质量管理方式影响项目最终交付的软件产品的质量。若没有相应的质量计划对软件开发的各阶段进行质量控制,则很可能在发现软件质量问题时,问题更加复杂严峻,从而无法进行修正,必然会返工,导致项目失败。而若在项目开发时就制订质量计划,分析可能出现的质量风险,进行预防,可以在可能出现问题时就把它扼杀在摇篮里,保质保量地完成软件开发工作。

## 5.3　质量计划

软件质量计划是进行项目质量管理,实施项目质量方针,确保达到质量标准的具体规划。

软件质量管理的目标是在约定工期内,满足要求的系统功能,达到系统性能标准,保证系统运行可靠,制订质量保证措施,确定资源、活动顺序,确保产品的实现过程在可控范围内,使开发的软件产品满足客户要求。

### 5.3.1　质量计划的内容

在软件项目启动之前,软件质量保证(Software Quality Assurance,SQA)人员应按照要求完成 SQA 计划,通常,SQA 计划主要包括以下内容。

(1) 质量计划的目标和范围。

(2) 质量计划的参考文件列表。

(3) 质量目标,主要包括总体质量目标和分项质量目标。

(4) 质量计划的任务,即为了完成质量计划,需要做的工作。包括组织流程说明会、流程实施指导、关键成果评审等。

(5) 确定质量计划实现的标准。包括文档模板标准、逻辑结构标准等。

(6) 确定质量评审标准,详细描述不同类文档评审标准的区别。

(7) 配置管理计划,主要包括版本控制、需求变更控制等。

(8) 配套问题处理机制。当出现软件问题时,应及时、准确记录、分析、解决问题,并对记录资料归档,以备后期查阅。

(9) 质量控制的方法和工具。

### 5.3.2　制订质量计划的步骤

全面考虑各种因素,才能制订出可行、正确的质量计划。影响质量计划的因素主要有以下几个方面。

（1）质量方针。质量方针是对整个软件项目质量目标和方向的指导性文件，是项目管理者执行管理的纲领。质量方针是软件项目质量策划的依据和框架。

（2）项目范围描述。项目范围规定了项目需求方的要求和目标，为了完成项目质量计划的目标，依据项目范围描述，具体确定项目的质量目标和任务。

（3）产品说明。详细说明产品实现的技术要点相关细节以及可能影响质量计划的因素。

（4）标准和准则。制订软件项目质量计划时，必须考虑项目的标准和准则，这些标准和准则可能会影响项目质量计划的制订。

在全面考虑影响软件项目质量计划制订的因素后，通过与项目干系人充分沟通交流，确保掌握充足的信息后，就可以制订软件项目的质量计划了。通常，软件项目质量计划的制订主要经过以下几个步骤。

### 1. 掌握项目概况、收集相关资料

质量计划制订阶段应重点了解软件项目的目标、客户的需求以及项目的实施范围。也就是说，应全面考虑软件项目质量计划的影响因素，包括实施规范、质量评定标准等，还要考虑与风险计划、资源计划、进度计划协调，避免冲突。

### 2. 确定质量目标

掌握软件项目的概况并收集大量的相关资料后，接下来要确定软件项目的质量目标。先根据软件项目的总体目标和用户需求确定软件项目的质量总目标，再根据项目的结构将分解目标落实到每个项目部件上，从而建立各个具体的质量目标。

### 3. 确定实现质量目标所需做的工作

为完成软件项目的质量目标所需开展的工作，主要有评审、跟踪、统计、分析等。

### 4. 确定质量管理的组织机构

根据软件项目的规模、项目的特点、项目组织结构、项目总进度计划和质量目标，配备相应的质量管理人员、资源，确定质量管理人员的分工与角色，建立相应的质量管理机构，绘制质量管理组织结构图。

### 5. 制订软件项目质量控制程序

软件项目质量控制程序主要有项目质量控制工作程序、初始检查实验和标识程序、质量检查程序、不合格产品控制程序、各类项目质量记录的控制程序和交验程序等。

制订好软件项目的质量控制程序后，还应将项目质量计划单独编制成册，根据软件项目的进度计划编制出项目的质量工作进度表、质量管理人员计划表以及质量管理设备计划表等，发给项目经理、质量保证人员、开发组组长等项目的主要管理人员。

### 6. 软件项目质量计划的评审

制订好软件项目质量计划之后，交予相关部门审阅，由项目负责人审定、项目经理批准后颁布实施。若软件项目规模较大、子项目较多或者某部分的质量比较关键时，可以按照子项目或关键项目，依照项目进度分阶段编制项目的质量计划。

### 5.3.3　编制质量计划的方法

质量计划是确定适合项目的质量标准以及设计达到这些标准的过程。从本质上讲，质量计划是一个规划过程，确定每个提交的结果的质量标准。在编制质量计划时，可采取很多方法，有试验设计、基准对照、质量成本分析、流程图法、因果分析图和成本效益分析等。

（1）试验设计。它属于统计学方法，主要用于确定哪些因素可能对特定的变量产生影响。在可选的范围内，对特定要素设计不同的组合方案，并筛选出最优的组合。试验设计方法可以确定一个项目中的哪些变量是导致项目出现问题的主要原因。

（2）基准对照。将待实施的项目实践与可比项目（基准项目）的实践进行对照，以便识别出最佳质量实践，形成改进意见，并作为当前项目质量绩效考核的标准。标杆对照也允许用不同应用领域的项目作类比。

（3）质量成本分析。通过分析对满足客户需求的可交付成果的质量要求所需的成本，主要有为满足质量需求所做的工作以及解决不合格项而付出的经济开销。当不合格项需要返工、可能会浪费资源时，质量成本最明显。因而质量计划必须进行质量成本分析，从而确定质量活动。

软件质量与成本之间的关系见图5-3。软件项目质量越高，项目的故障损失越低，则项目成本就越低，当项目质量达到一定高度，相应的项目成本最低，而高质量的软件项目必定需要花费较高的缺陷预防相关费用，综合二者，软件项目的总质量成本最接近两曲线交会处，该点被称为最佳质量点，此时项目总质量成本最低。

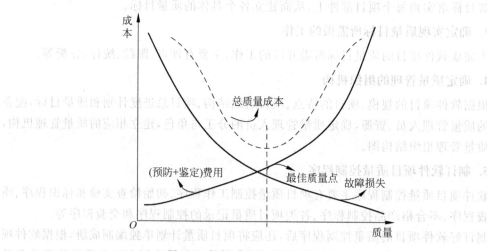

图 5-3　软件质量与成本之间的关系

（4）流程图法。该方法可以显示系统的各个成分之间的逻辑关系，有助于预测可能发生质量问题的地方，从而找到解决这些质量问题的方法。

（5）因果分析图也称为鱼骨图。对于复杂的软件项目，编制质量计划时可采用因果分析图，如图5-4所示，质量缺陷根本原因分析图见图5-5。

因果分析图主要有下面3个优点。

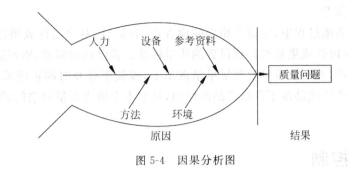

图 5-4 因果分析图

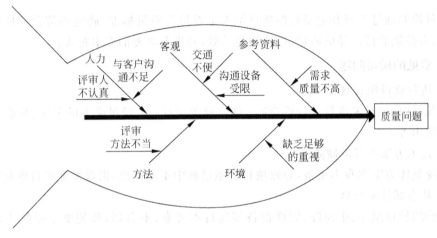

图 5-5 质量缺陷根本原因分析图

① 可充分讨论产生质量缺陷的各种原因。

② 鼓励大家各抒己见,充分发挥每个个体的创造性。

③ 直观地表示产生缺陷的各类原因之间的关系。

因果分析图要完成从"主刺"到"小刺"的思维和分析过程,即先找出可能导致质量缺陷的各个因素,然后再顺着"主刺"逐层找到"小刺",分析导致各个小问题的因素,最终找到最根本的原因,采取相应的对策,从而解决质量缺陷问题。

（6）成本效益分析。对每个质量活动进行成本效益分析,就是要比较其可能成本与预期效益。减少返工、提高生产率、降低成本、提升干系人满意度及盈利能力等。

## 5.3.4 质量计划的实施

编制好质量计划之后,各个责任单位必须按照质量目标来安排质量工作,展开相关活动,确保实施有效的质量控制。质量计划贯穿软件开发的全过程,通过收集、记录并分析项目的质量数据,确保项目质量计划得以贯彻实施,实施中为了适应客户的新要求,可根据实际情况进行调整。

在软件项目实施过程中以及项目完成之后,都要对项目的各个关键点进行质量评估。质量评估主要目标在于记录那些已发生的质量缺陷的根本原因,为避免将来的软件项目产生类似缺陷作参考。

在质量计划实施过程中,应设置相应的检查点、验证点,对阶段性成果进行评审或者评估,从而确定阶段性成果是否达到设置的质量标准。若已达到标准,则可进入软件生命周期的下一个阶段,否则使质量问题尽早暴露出来,以便能够及时纠正或采取预防措施,消除导致不合格产品或潜在不合格产品的原因,从根本上解决质量缺陷问题,保证软件项目按期交付。

## 5.4　质量控制

质量控制通过监督并记录软件项目结果是否符合质量标准,确定不符合的原因和解决方法,来控制软件产品的质量,以便评估绩效,并推荐必要的变更过程。

**1. 常见的质量问题**

1) 违背软件项目规律

例如,软件项目未进行可行性论证;随意修改设计;未经过必要的测试、检验和验收就交付使用等。

2) 技术方案本身的缺陷

系统整体方案本身不完备,导致项目实施过程中不断修改,很难保证项目顺利实现。

3) 基本部件不合格

选购的软件组件、中间件、硬件设备等运行不可靠、不合格,致使整个系统不能正常运行。

4) 实施中的管理问题

项目管理人员技术水平的局限、缺乏工作责任心、管理不到位、沟通不顺畅等导致计划、监控、沟通等方面障碍。

**2. 质量控制方法**

软件项目质量控制的方法主要有技术评审、代码走查、代码会审、软件测试和缺陷跟踪等。

卡尔·威格在《同级评审》一书中提道:"不管你有没有发现它们,缺陷总是存在,问题是当你最终发现它时,需要多少成本纠正它。评审的目的在于将质量成本从昂贵的后期返工转变为早期的缺陷发现。"

软件评审所涉及的方面比较广,包括软件产品、软件技术、软件流程、项目管理等。评审的目的因评审对象的不同而不同。

(1) 若评审的对象是需求文档、代码等,则其主要目的是尽早发现产品质量缺陷,从而用最少的投入来避免后期大量的返工。

(2) 若评审的对象是软件技术,则其主要目的是判断采用的新技术是否会引入较大风险,该技术能否适应目前的开发环境。

(3) 若评审的对象是软件流程、项目管理,则其主要目的是发现流程、项目管理中存在的问题,进行改进。

（4）若评审的对象是项目计划、测试计划，则其主要目的是发现计划中存在的问题，完善计划。

总之，评审的主要目标是发现被评审对象存在的问题，同时，这也是集思广益的一个过程，是大家相互学习、提高的机会。评审过后，应将发现的问题记录下来存档，方便日后进行查阅。

## 5.4.1　软件评审

软件评审又称为技术评审或同行评审，是指由开发人员的技术同行在项目实施的各个阶段进行的有组织的软件浏览、文档与代码审计活动，验证工作是否符合预定的标准，其目的是协助软件开发人员在项目早期找出工作的错误。软件开发的大量实例表明，软件错误通常来源于开发者认识的错误或者思维的盲点，并且常常在一开始就出现，除非有人指出，否则它会在设计、编码、文档编写甚至测试阶段不断重复。软件评审是保证软件项目早期质量的主要方法。

软件评审的方法有很多种。首先最不正式的是临时评审，设计人员、开发人员和测试人员在工作过程中自发地使用该方法。其次是轮查，即通过将评审的内容通过邮件分发给参与者，将参与者的反馈意见收集起来的一种方法。

这种方法不受参与者所在时间、地点的约束，简单、便捷，适用于需求阶段的评审。然而，该方法无法保证每个参与者真正了解意见内容，反馈的意见不准确，而且反馈时间由参与者控制，不容易同步且不及时。公认的、比较可行的评审方法为互为复审或同行评审（Peer Review）、走查（Walkthrough）、会议审查（Inspection）和缺陷检查表，如图 5-6 所示，在实际开发过程中，综合使用各种方法，充分利用各种方法的优势。

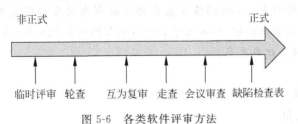

图 5-6　各类软件评审方法

### 1. 互为复审

软件项目团队中很容易形成一对一的成对合作伙伴关系，互相为对方审查工作成果，从而发现存在的问题。由于双方的工作内容较接近，涉及的人员很少，相互之间的通信成本很低，复审效率较高、较灵活。软件代码的互为复审效果最好。敏捷开发方法中的成对编程就是此种方法的最佳实践。

### 2. 走查

走查是指对被评审对象从头到尾检查一遍，比互为复审更为严格，进而保证评审范围更加全面，以达到预期效果。有时也会将互为复审和走查这两种方法结合起来。然而由于走查这种方法在实施之前没有制订审查计划，参与审查的人员没有做充分的准备，很难发现深层次的问题。一般来说，软件产品在基本完成后，由市场人员和产品经理来完成走查工作,检查产品是否存在界面、操作逻辑、用户体验方面的问题。

### 3. 会议审查

会议审查是一种较严格、系统化的集体评审方法。该评审过程包括计划制订、准备和组织会议、跟踪和分析结果等。对于风险可能性较大的工作成果要采取此种评审方法。例如,软件需求分析报告、系统架构设计以及核心模块的代码等,多采用会议审查方法。

会议审查过程中涉及多个角色,比如,评审组组长、评审委员会、列席人员以及会议记录人员等。事实上,每个参与者除了担任自身特定的角色外,也是评审员。

软件开发过程中,往往交替使用各种评审方法,应选择适用于特定的开发阶段和特定场合的评审方法。对于表面性问题,可采用轮查的方法进行初审,而针对关键性问题,在定稿之前进行会议审查。

### 4. 缺陷检查表

缺陷检查表是一种简单、有效的评审方法。将反映被检查对象的质量缺陷特征列出,作为评审的依据,从而协助评审员找出被评审对象可能存在的缺陷。

缺陷检查表是一种常用的质量保证方法,也是正式评审的必要工具,软件评审过程的输入往往是缺陷检查表,设计精良的缺陷检查表有助于提高质量评审效率,改进评审质量。

缺陷检查表主要特点:①缺陷检查表囊括了被审查对象的所有质量特征,依照它即可确定被审查对象是否有缺陷,因而可靠;②与冗长的文档相比较,缺陷检查表包括所有需要检查的要点,因而效率更高。

### 5. 评审的实施

1) 确定评审人员

评审人员包括负责领导与组织审查工作的主持人、开发人员(被评审对象)、评审员和记录员。

为了保持评审会议的效率,评审员一般控制在5~6人。

主持人一般由评审经验丰富的资深开发同行担任,而不能由被评审对象的管理人员担任;其他参与人员都必须是技术同行。

2) 人员培训

对项目进行初审前,应对主持人和评审人员进行相关培训,使其熟悉组织的评审程序与相关标准,统一思想,达成对项目评审的一致意见,以便提高评审工作的有效性和效率。培训课程通常包括评审的基本原则、有关检查单、评审的程序以及评审案例等。

3) 评审准备

首先,生产人员及管理人员应确定待评审产品是否已经准备好进行评审,确保审查的目的已经达成一致,评审会议所需的材料等已准备好。准备工作结束后,先通知主持人,启动评审程序。

4) 材料准备

组织者要在会议前1～2天将评审材料和评审表格发给每一位评审员,使其熟悉被评审的内容。经验表明,有3/4的错误是在会前准备阶段被发现的。

5) 评审会议

如图5-7所示,评审会议由主持人、评审员、开发人员、列席人员、专业技术人员和记录人员等参加。主持人控制会议的议题始终围绕产品的技术问题,会议的重点是查找问题,无须过多争论。一次会议一般只评审一个产品,会议时间要控制在2h以内。会议最后要确定产品是否通过评审,责成记录人员整理评审报告。

6) 评审报告

记录人员依据会议意见整理评审报告,填写评审总结表,由主持人签字后生效。评审报告分别交管理人员、开发人员和缺陷跟踪人员保存。

(1) 应为评审及改正评审发现的问题预留项目资源。

(2) 评审应以发现问题为重点。

(3) 保证评审的技术化。

(4) 制订检查单和标准。

图5-7　评审会议人员现场示意图

(5) 限制会议人数,并且坚持事先做准备。

(6) 对所有的评审者进行有意义的培训。

## 5.4.2　软件测试

"差之毫厘,谬以千里",看似微小的错误可能会导致很严重的后果,因而质量管理工作很重要。通过软件测试可以发现软件质量缺陷,控制软件质量。研究数据表明,测试阶段的成本占软件开发总成本的40%以上,可见测试工作很重要。

按照测试所处的阶段和层次,可分为单元测试、集成测试、确认测试、系统测试和验收测试。按照测试采用的技术不同,可分为黑盒测试、白盒测试和灰盒测试。按照所关注的质量属性的不同,可分为功能测试、性能测试、兼容测试、可靠性测试等。按照测试组织实施的主体不同,可分为α测试和β测试。

α测试是指软件企业内部人员对即将上市的软件产品进行模拟测试,从而发现并纠正缺陷。经α测试调整的软件制品称为β版本。β测试是软件企业组织各方面的典型用户在日常工作中使用β版本,并报告出现的异常,给出批评意见和建议,从而促使软件企业对β版本进行修正和完善。

测试阶段需要设计测试用例,发现并记录软件质量缺陷。测试完毕后,要对测试结果进行分析总结,形成测试报告,给出结论。

### 5.4.3　缺陷追踪

从发现缺陷开始,一直到改正缺陷为止的全过程称为缺陷追踪。为了改正缺陷、降低缺陷的数量,需要对软件过程的各个阶段产生的缺陷进行收集、整理、加工分析。可以在软件开发过程中使用缺陷管理系统,如 MantisBT、Bugzilla、Bugfree 等。

如图 5-8 所示,一个缺陷追踪系统,需要实现以下几部分功能。

(1) 缺陷的上报。发现问题时,可通过缺陷追踪系统进行提交、保留,方便追踪。此时缺陷状态被设置为"打开"。

(2) 缺陷录入系统后,项目经理应该可以通过缺陷追踪系统进行浏览,定期获得最新的缺陷问题报告。项目经理将缺陷问题报告通过缺陷追踪系统转交给开发人员,此时缺陷状态为"已分配"。

(3) 开发人员修复缺陷,修复完毕后,通过系统将缺陷状态设为"已解决"。

(4) 测试人员开始进行回归测试,若回归测试通过,确认已修复缺陷,则将缺陷转台设置为"已验证";否则退回开发人员重新进行修复。

(5) 一个缺陷生命周期结束后,可将其关闭,处理状态变为"已关闭"。

(6) 若发现已关闭的缺陷仍存在问题,则重新打开缺陷,将其分配给开发人员进行修复,此时缺陷状态置为"重新打开"。

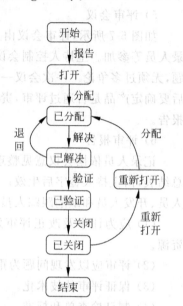

图 5-8　缺陷追踪流程

## 5.5　质量度量

软件质量度量是定量评价和控制软件质量的标准。由于软件质量是一个综合属性,需要多个度量标准来衡量。常用的软件质量度量指标主要有以下几个。

**1. 缺陷密度**

缺陷密度(Defect Density,DD)是指单位规模的软件所包含的缺陷数量,由下面的公式计算,即

$$DD = Defects/KLOC$$

式中:DD 为缺陷密度,以每千行代码的缺陷数(Defects/KLOC)来测量。

**2. 平均失效时间**

平均失效时间(Mean Time to Failure,MTTF)是指软件在两次失效之间正常工作的平均时间,主要用来度量软件的可靠性。MTTF 多用于安全攸关的系统中,如航空电子系统、武器系统以及交通管理系统等。

### 3. 平均修复时间

平均修复时间(Mean Time to Reparation,MTTR)是指软件失效后,修复使其正常工作所需要的平均时间。MTTR 用来度量软件的可维护性。

### 4. 初期故障率

初期故障率是指软件在故障初期(多指软件交付给用户的 3 个月内)内单位时间的故障数。初期故障率用于评价交付使用的软件质量,预测软件何时运行达到稳定。多以每100h 的故障数为单位。

### 5. 偶然故障率

偶然故障率是指在偶然故障期(多指软件交付给用户的 4 个月后)内单位时间的故障数。偶然故障率用来度量软件处于稳定状态下的质量,一般以每 100h 的故障数为单位。

### 【思考题】

1. 简述你是如何认识软件质量管理的。
2. 简述评审的流程。
3. 何谓鱼骨图?如何利用鱼骨图对项目进行分析?

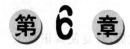

# 人力资源管理

对于软件项目而言,影响软件项目进度、成本、质量的因素主要有人、过程、技术。其中,人是第一位的,是软件企业和软件项目最重要的资产。人力资源管理得好坏直接决定软件项目的成功与否。人力资源管理是软件项目管理者面临的最大挑战,是保证人力资源能够最大限度地被开发、使用所需要的过程,是对项目组织所储备的人力资源进行科学规划、培训开发、适当激励等方面的管理工作。

## 6.1 软件项目团队建设

软件项目团队建设可以提高项目组人员的工作能力,促进团队成员互动,改善团队整体氛围,提高项目绩效的过程。软件项目团队建设得好坏直接决定软件项目的成败。

孟子曰:天时不如地利,地利不如人和。人的因素在目标实现过程中很重要。软件项目团队建设需要考虑的问题主要有以下几个。

(1) 如何建设软件项目的团队,才能提高软件产业的投入产出比,达到 $1+1>2$ 的效果。

(2) 如何激励软件项目组的开发人员,激发其潜能,提高他们的工作积极性和创造性。

(3) 如何有效地管理掌握高层次技术的软件开发人员,最大限度地发挥其潜力,完成高质量项目。

(4) 如何协调管理团队成员,使其合作完成软件项目。

## 6.1.1 人员特点及组织

**1. 软件人员的特点**

软件项目主要是由人来完成的,因而人的因素对软件项目的成败起着关键作用。软件项目中人主要具有以下特点。

(1)知识型员工有较高的知识、较强的能力,具有相对稀缺性和难以替代性。

(2)高主观经验性。尽管软件的知识在不断更新,然而软件行业从业人员的开发经验是长期积累得来的。一个长期从事应用系统开发的经验丰富的系统分析师对于各软件企业都炙手可热。

(3)高自主性。由于以上两个特点,高层次的软件人才处于卖方市场地位。这使得他们在人力资源市场的双向选择中处于主动地位。软件企业如何留住人才是一项非常重要而艰难的工作。

(4)知识型员工成就感强,追求卓越。渴望实现自我价值和社会价值,喜欢挑战性工作。

(5)主观能动性。由于软件产品是逻辑产品,是人的思维产物,在软件开发过程中,软件开发人员工作绩效的好坏、工作效率的高低,很大程度上取决于项目中的个人。

(6)效率波动性。对于软件项目组中的个人,其工作能力的发挥具有不稳定性。往往受各种因素的影响,呈现波动性。

(7)资源消耗性。软件项目中的个人是资源的消耗者。软件项目中进度、成本、质量控制和变化,主要是由于项目中人的因素有变化。

(8)不可存储性。项目的人力资源,如人的时间、精力、知识、积极性等具有即时性,不可再现。

**2. 软件人员的组织**

由于软件制品具有的特殊性而不易理解、不易维护,软件人员的组织方式十分关键。

项目软件人员为软件项目的成功而工作,将从中获利,并对软件项目负有责任和义务的人,主要包括高级管理人员、技术管理人员、开发人员、客户和用户代表等。

软件人员的合理选择及分工是项目成功的关键,人员分工要遵循充分发挥每个人特长的原则,在组建工作小组时要充分考虑团队成员的知识、技能、经验、层次、性格、习惯,培养成员团队精神,从而满足项目进展的需要。

美国卡内基·梅隆大学的软件工程研究所提出了人员管理能力成熟度模型(PCMM),通过提高软件组织所需人才的水平,提高软件开发能力。人员管理能力成熟度模型包括人才的选择、培训、开发、组织、团队精神和业绩管理等。

一个成功的软件项目负责人应有自己独到的思想,有组织才能,能驾驭整个项目,能理解要解决的问题,善于深入实际听取各方面意见,能准确地判断出当前最关键的技术问题和组织问题,能系统地制订解决方案,准确地预见和规避风险,能激励人们开展原创性工作,最大限度地开发每个人的技术潜能,领导项目人员实现项目目标。很多软件项目失败的原因多半在于项目负责人不符合这样的条件。

随着软件开发技术的不断发展,软件开发人员的分工越来越精细。他们的知识结构、技能、使用的软件工具具有各自的特点和优势。软件开发人员的个体素质与能力差异很大,因而对软件开发人员的选择、分工十分关键。1970年,Sackman对12个程序员用两个不同的程序进行试验,得到的结论是,程序排错、调试时间差别为18∶1;程序编制时间差别为15∶1;程序长度差别为6∶1;程序运行时间差别为13∶1。

然而随着软件开发技术的提高、使用工具的改善,上述差异可能会减小,但软件开发人员理解软件需求的能力、掌握和使用软件工具的能力、沟通与交流的能力仍极大地影响软件制品的生产率和软件质量。

### 3. 软件开发小组的规模

软件开发小组的规模与软件生产率之间的关系如图6-1所示,当几个人共同承担软件开发项目中的某一任务时,人与人之间必须通过沟通来解决各自承担任务之间的接口问题,即通信问题。通信代价随参与通信人员数目的增加而非线性增长。通信花费的时间和代价会引起软件错误增加,降低软件生产率。

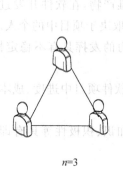 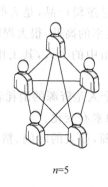 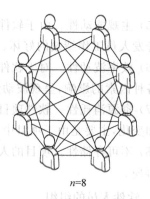

$n=3$ $\qquad\qquad$ $n=5$ $\qquad\qquad$ $n=8$

图 6-1 通信代价

假设一个人单独开发某软件,他的生产率是5000行/人年。若3个人组成一个小组共同开发这个软件,则需要3条通信路径。若在每条通信路径上耗费的工作量是500行/人年,则小组中每个人的软件生产率降低为

$$5000-3\times500\div3=5000-500=4500(行/人年)$$

综上所述,一个软件任务由单个人开发的效率最高;而对于一个大型软件项目,一个人单独开发的周期太长。因此软件项目分组是必要的。然而成员越多,他们之间通信路径越复杂,通信代价越高,因而分组也不宜过大。

为了便于管理,充分发挥各成员的积极性和创造性,尽量做到每个小组人数不超过5人,每层团队人数也不超过5人。

W. Royce按照$5^n$定义团队的规模和层次结构,如表6-1所示。从表中可以看出,当$n=1$时,团队为5人,是小型团队;当$n=2,3,4$时,团队人数为25人、125人、625人,分别是中型、大型、巨型团队,可分别按照2层、3层、4层,每组5人的树状结构进行组织。

表 6-1 $n$ 值不同时团队的规模

| $n$ | $5^n$ | 团队规模 | $n$ | $5^n$ | 团队规模 |
| --- | --- | --- | --- | --- | --- |
| 1 | 5 | 小型 | 3 | 125 | 大型 |
| 2 | 25 | 中型 | 4 | 625 | 巨型 |

**4. 软件项目团队组织结构**

遵循以上原则,软件项目团队有 4 种"组织范型"。

(1)封闭式。按照传统的授权层次组织团队,这种组织适用于与曾做过的软件产品类似的开发,但不利于创新工作的开展。

(2)随机式。这种团队组织松散,依赖于团队成员主观能动性的发挥。自由的组织形式利于技术创新,但缺乏严格、有秩序的工作风格。

(3)开放式。这种团队组织是封闭式和随机式结合的产物。它吸取二者的长处,既能创新又严格有序。通过协商讨论,根据达成的一致性意见做出决策,项目团队成员协作完成整个软件项目。这种组织方式形式自由,但可能没有其他类型的团队工作效率高。

(4)同步式。这种团队组织形式按照对问题的自然划分形成团队结构。团队成员各自负责一部分问题,无须主动交流,但必须按时间节点要求交付各自开发的软件制品,并进行集成和集成测试。

确定采用哪种项目团队组织结构,主要根据以下因素综合考量。

(1)待解决项目的难易程度。

(2)待开发软件的规模。

(3)团队小组的生命周期。

(4)问题能够被模块化分解的程度。

(5)对软件制品的质量和可靠性要求。

(6)软件制品交付日期的严格程度。

(7)项目要求的通信程度。

 小 提 示

软件项目开发过程人员配备的原则:①重质量,软件项目是技术性很强的工作,要善于任用少量有实践经验、有能力的人员去完成关键性的任务;②重培训,培养所需技术人员和管理人员是有效解决人员问题的好方法;③双阶梯提升,人员提升应分别按技术职务和管理职务进行,不能将二者混为一谈。

## 6.1.2 制度建立与执行

软件项目团队建设不是一蹴而就的,而是一个持续性过程。没有规矩,不成方圆。团队建设的首要目标是制订规章制度。

对于跨地域同时开发的项目,一定要事先统一好代码检入时间;否则进行日常构建的时候,很容易由于不同步而导致失败。

项目制订计划过程中由团队成员参与,建立一套用于发现和处理冲突的基本准则,如麦肯锡解决问题的"七步法"。

根据软件项目开发经验或者软件项目的特点,归纳总结出可供参考的过程模型,如IBM统一过程模型(RUP)等。

对于规模较大或复杂度较高的软件项目,建立监督、控制委员会,方便项目负责人对软件项目的协调管理和统一决策。

麦肯锡的"七步法"见图 6-2。

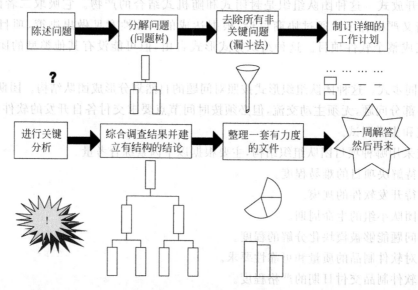

图 6-2 麦肯锡的"七步法"

## 6.1.3 目标与分工管理

为了使软件项目按期、顺利、高质量地完成,团队应有统一的奋斗目标、鲜明的团队精神以及很强的凝聚力。

对于项目目标管理,首先,要设置团队的短期目标和长期目标;其次,把目标进行合理分解,制订详细的实现计划,执行并评估计划,不断地把团队的目标标准化、清晰化,加快目标的实现过程;最后,要为团队成员设立个人目标。

对于软件项目分工管理,首先要对项目干系人进行分类。干系人主要包括项目管理人员、高级管理人员、开发人员和客户。软件项目高级管理人员负责软件项目的管理工作,其负责人通常称为项目经理;高级管理人员可能是领域专家,主要负责项目的立项、组织、规划和项目宏观决策,他们对项目有重大影响;技术管理人员负责项目的计划、组织,并激励和管理软件开发人员;开发人员主要负责技术工作,开发软件制品;客户参与待开发软件的需求获取和描述工作,参与软件确认测试和验收,并直接使用、操作软件制品,如图 6-3 所示。

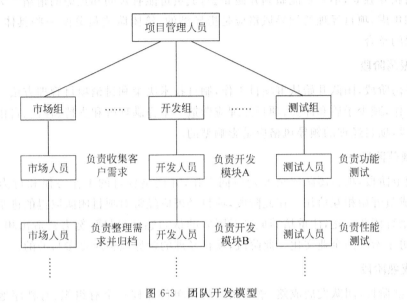

图 6-3　团队开发模型

项目负责人的一项重要任务是建立一支有凝聚力和战斗力的高水平团队。

为了建成一支绩效良好的团队,团队成员必须相互信任,团队必须有凝聚力。

有凝聚力的团队是一组紧密团结的人,他们的整体力量大于个体力量的总和,能大大提高项目成功的可能性。

有凝聚力的团队是成功的象征,领导者言传身教、赏罚分明,不需要按照传统的方式管理,不需要激励就有动力。

有凝聚力的团队"精英意识"强,拥有共同的目标和文化,具有更高的生产率和更大的动力。

完成软件项目所需的各种资源中,人力资源最重要。项目团队成员有别于其他人员的需求,以团队精神为前提,更关注自尊和自主的需求。

1977 年,塔克曼提出了团队发展模型,也称为阶梯理论,如图 6-4 所示。从图中可以看出,团队建设一般需要经历形成阶段、振荡阶段、规范阶段、成熟阶段和重组阶段。

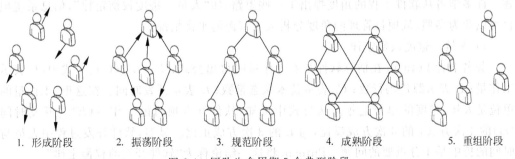

1. 形成阶段　　2. 振荡阶段　　3. 规范阶段　　4. 成熟阶段　　5. 重组阶段

图 6-4　团队生命周期 5 个典型阶段

**1. 形成阶段**

在形成阶段，团队成员相互认识，并了解项目情况及各自在项目中的角色与职责。团队成员间相互独立，不一定能做到开诚布公，成员可能有疑问和焦虑的情绪。为减轻成员的疑问和焦虑，项目经理的领导风格应是指导型的，给团队成员分配一些具体工作，促进人力资源的整合。

**2. 振荡阶段**

在振荡阶段，团队开始从事项目工作，制订技术决策和讨论项目管理方法。为了使团队协同工作，减少矛盾和冲突，项目经理应营造一个充满理解和支持、轻松、自由的工作氛围，此阶段，项目经理的领导风格应是影响型的。

**3. 规范阶段**

在规范阶段，项目团队成员开始协同工作，并调整各自的工作习惯和行为来支持团队，团队成员开始相互信任。在此阶段，项目经理应经常对项目团队取得的进步给予表扬和鼓励，培育团队文化，注重培养成员对团队的认同感、归属感，努力营造出相互协作、互助互爱、勇于奉献的企业文化。此阶段，项目经理的领导风格应是参与型的。

**4. 成熟阶段**

在成熟阶段，团队发展成熟，整支团队就像单位那样一个有组织、有秩序地工作。团队成员之间相互依赖，平稳高效地解决问题。项目团队能开放、坦诚、及时地进行沟通。

在本阶段，项目经理应完全授权，赋予团队成员相应的权力。此阶段，项目经理的领导风格应是授权型的。

**5. 重组阶段**

在重组阶段，团队完成所有工作，团队成员解散，离开项目。

因而在项目团队的形成阶段，应侧重于人力资源的整合；在项目团队的振荡阶段，应加强人力资源的协调和沟通；在项目团队的规范、成熟和重组阶段，要更加关注人力资源的激励和安抚。

## 6.1.4　人力资源计划

制订信息系统项目的人力资源计划，主要基于工作量和进度预估。一般来讲，工作量与项目总时间的比值就是理论上所需的人力数。但选取和分配人力有许多值得研究的问题。许多学者从软件工程的角度提出了一些思路，如"人员—进度权衡定律"，信息系统项目可以此为参照，从项目管理的角度分析人力资源的平衡情况。

1) 人员—进度权衡定律

著名学者 Putnam 在估算软件开发工作量时得出公式：$E=L^3/(C_k^3 t_d^4)$，式中，$E$ 表示工作量；$L$ 表示源代码行数；$C_k$ 表示技术状态常数；$t_d$ 表示开发时间。在这里，工作量的单位是人年，进度的单位是年。从公式中可知，软件开发项目的工作量（$E$）与开发时间（$t_d$）的 4 次方、$C_k$ 的 3 次方成反比，与 $L$ 的 3 次方成正比。显然，软件开发过程中人员与时间的折中是十分重要的问题。Putnam 将这一结论称为"软件开发的权衡定律"。

众所周知,信息系统项目的建设时间主要取决于应用软件的开发时间,将这种人员与进度之间的非线性替代关系称为"人员—进度权衡定律"。

软件开发各阶段需要的技术人员类型、层次和数量是不同的,因而需要研究软件项目的人员分布情况,据此进行人员合理配置。

软件项目开发的各个阶段,人力资源安排类似于 Rayleigh-Norden 曲线,如图 6-5 所示。

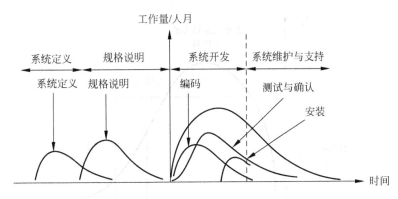

图 6-5　软件项目的人力资源分布情况

软件项目开发初始阶段的主要任务是确定需求、制订计划,只需少数系统分析员、从事软件系统论证和概要设计的软件高级工程师与项目高级管理人员。

概要设计时要增加一部分高级程序员,详细设计时要增加软件工程师和程序员,编码和测试阶段还要增加程序员和软件测试人员。

软件开发过程中管理人员和各类专业人员逐步增加,到软件构造后期,在系统测试和准备交付阶段,软件项目开发人员的数量达到最多。

软件运行初期,参加软件维护的人员较多,若过早解散软件开发人员可能会给软件维护带来意想不到的困难。

软件运行一段时间以后,由于软件开发人员参与纠错性维护,软件出错率会很快减少,这时软件开发人员就可以逐步撤出,若系统不做适应性维护或完善性维护,就无须留守很多开发人员。

根据 Putnam 的结论,软件项目开发工作量与开发时间的 4 次方成反比,可得出软件开发的人员与时间的折中定律:时间允许的条件下,适当减少人员会提高工作效率,降低软件开发成本。

2）Brooks 定律

曾担任 IBM 公司操作系统项目经理的 F.Brooks 从大量软件开发经验中得出一个结论:"向一个已经延期的软件项目追加开发人员,可能使项目完成得更晚。"鉴于这一发现的重要性,它被称为 Brooks 定律。当开发人员以算术级数增长时,人员之间的通信开销将以几何级数增长。宁可软件开发时间长一点、人员少一点,这样可以减少人员交流沟通的时间开销,工作效率更高。

图 6-6 所示的曲线描述了软件开发的不同阶段人力平均分配的经验模型。图中以横

坐标表示项目开发进度,纵坐标表示在不同时间点需要的人力。从图中可以看出,软件开发需要的初级技术人员随着项目开发过程的推进而增加,在编码与单元测试阶段达到高峰,之后又逐渐减少。若平均分配人力,则开始阶段人力过剩,造成工作量浪费①;在开发中期,人力却不够,进而造成进度的拖延②;在开发后期就需要增加人力以追赶进度,已为时过晚③,甚至可能如 Brooks 定律所说,导致越帮越忙的结果。可见,恒定地配备人力并不合理,使人力配备与实际需求情况不匹配,没有做到统筹优化,造成人力资源浪费。

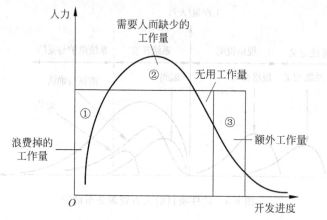

图 6-6　软件项目开发进度与人力需求之间的关系

　　根据 Rayleigh-Norden 曲线,信息系统项目的人力分配应在项目启动开始和接近结束时用人少、中间段用人多。但信息系统开发人员并非俯拾即是。因而,在制订人力资源计划时,基本按照上述曲线分配人力的同时,尽量使某个阶段的人力稳定,并确保整个项目期人员的波动尽量小。称这一过程为“人力资源平衡计划”。

　　一个软件项目完成得快慢,取决于参与开发人员的多少。在软件开发的整个过程中,多数软件项目是以恒定人力配备的。图 6-7 所示为软件项目开发不同阶段各类人员的参与情况。

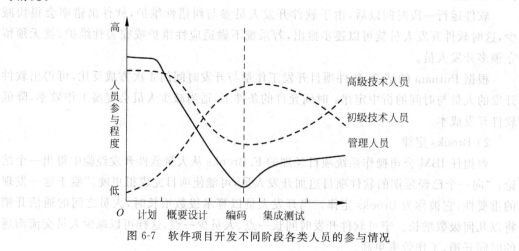

图 6-7　软件项目开发不同阶段各类人员的参与情况

## 6.2 团队建设与管理

某年元旦,某高校组织学生进行联欢,其中有个节目是传话游戏比赛。选出两组学生,首先主持人宣布比赛规则:一要快;二要声音小;三要讲话清楚。接着两组学生开始了传话游戏,每组第一个学生说"梦见琼瑶了",传到最后一个人那里,竟变成了"梦见亲娘了"等。可见,在知识和信息的传递过程中,若某环节出现失误,则会产生各种各样的问题。

管理学之父德鲁克曾说过:"消息传递过程中,每传递一次信息量减少一半,噪声增加一倍。"信息传递的每一个环节都是在不同程度上对原始信息进行过滤或放大,从而导致最终的结果与预期结果相去甚远。软件开发过程中,消息和知识的传递也是如此,如何准确地传递知识至关重要。

### 6.2.1 知识的传递

软件项目开发过程中,信息和知识是通过横向与纵向两种方式交替传递的,如图 6-8 所示。

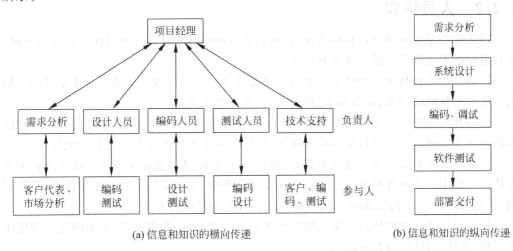

(a) 信息和知识的横向传递        (b) 信息和知识的纵向传递

图 6-8 信息和知识的传递

**1. 横向传递**

横向传递是指信息和知识在整支软件项目团队之间传递的过程,主要包括不同工种的团队之间、不同产品的开发团队之间、不同知识领域之间、新老员工之间的知识传递过程。

从图 6-8 中可以看出,项目团队中,只有不同角色的人共同协作、正确交流、相互支持理解,才能保证项目走向成功。

**2. 纵向传递**

纵向传递是指信息和知识按照软件生命周期各个阶段逐个环节进行传递和转换的过

程。纵向传递方式中,每一个环节都依赖于前一个环节,失误出现得越早,则随着开发进程的推进,失真会被放大得越厉害,因而在软件开发的最初阶段一定要保证信息和知识的正确性,这是保证整个软件项目成功的关键。因而,软件生命周期中"需求分析和获取"阶段尤为重要。

**3. 知识传递的有效方法**

为了使知识和信息能够有效地在不同人员之间传递,必须保证知识传递有效、及时、正确。因而,有必要采取一定的方法来实现该目标。

知识传递的主体是人,因而应将人的工作做好,注重团队文化建设、员工的教育和培训,营造自由、轻松、愉快、活跃的团队文化氛围,激发员工工作积极性和创造性,促进知识有效、充分地传递。

软件开发过程各个阶段的配套文档保证了知识的传递和软件产品的质量。为确保执行力,把质量审查做到位。

为了减少自然语言描述问题所带来的二义性,使用统一建模语言来描述领域知识、设计模型等,可提高知识传递的效率,降低传递成本。为了便于知识的共享、传递和积累,可建立知识反馈机制、文档管理系统等。

## 6.2.2　人员培训

团队建设是实现项目目标的前提,而项目成员的培养和开发是项目团队建设的基础,项目组织必须重视员工的培训及开发工作。

培训是指为提高项目团队成员能力的全部活动。培训可以是正式的或非正式的。培训方式主要有课堂培训、在线培训、在岗培训、辅导及训练等。

人员开发是指为员工今后的发展而开展的正规教育、在职体验、人际互助及个性和能力的测评等活动。软件项目成员作为知识型员工,对于人员开发有着很高的积极性。

正规教育主要是指脱产或在职教育,包括专家讲座、仿真模拟实验等;在职体验主要有体验工作中面临的各种难题、需求、任务及其他事项,实现途径主要有工作轮换、工作调动、晋升、降级等;人际互助可采用导师指导和教练辅导两种方式。

管理项目团队需要项目负责人跟踪团队成员工作表现,收集反馈,解决问题并管理团队变更,优化项目绩效的全过程。

## 6.2.3　团队管理方法

**1. 观察与交谈**

可通过观察与交谈,随时了解项目团队成员的工作状况和态度。

**2. 项目绩效评估**

为澄清团队成员角色与职责,向其提供建设性意见,发现未知或未决问题,制订个人培训计划,确定未来目标,进行项目绩效评估。

**3. 冲突管理**

管理好冲突,善于利用正面冲突;协调解决好负面的冲突。

### 4. 人际关系技能

适当地使用人际关系技能，充分发挥项目团队成员的优势。项目经理应具备的人际关系技能有以下几个。

(1) 强有力的领导技能，保证项目如期成功完成。

(2) 具有一定影响项目干系人的能力。

(3) 有效决策力、判断能力等。

## 6.2.4 团队激励

一个项目团队成员能否充分发挥各自的积极性和创造性，很大程度上取决于项目经理如何激励团队。一个有能力的项目经理应善于激励团队成员齐心协力共同完成项目。

### 1. 需求层次理论

心理学家马斯洛提出了需求层次理论，如图6-9所示。人的需求层次呈金字塔结构，自底向上逐渐提高。当人的基本生存需求满足了，就会转向更高层次的需求。根据该理论，可按照团队人员需求状况激励他们向更高层次迈进。

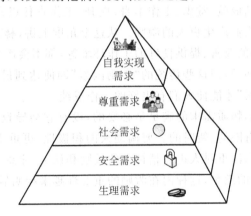

图6-9　马斯洛的需求层次结构

### 2. 双因素理论

心理学家弗雷德里克·赫茨伯格是双因素理论的创始人。赫茨伯格的调研结果表明，使职工感到满意的都是属于工作本身或工作内容方面的；使职工感到不满意的都是属于工作环境或工作关系方面的。他把前者叫作激励因素，后者叫作保健因素，两者统称为双因素理论，如图6-10所示。双因素理论促使企业管理人员注意工作内容方面因素的重要性，特别是它们同工作丰富化和工作满足的关系，因此是有积极意义的。

1) 保健因素

保健因素的满足对职工产生的效果类似于卫生保健对身体健康所起的作用。保健从人的环境中消除不利于健康的事物，它不能直接提高人的健康水平，但有预防疾病的效果；它不是治疗性的，而是预防性的。保健因素包括公司政策、管理制度、监督、人际关系、工作环境、工资、福利等。当这些因素恶化到人们认为可以接受的底线以下时，人们就

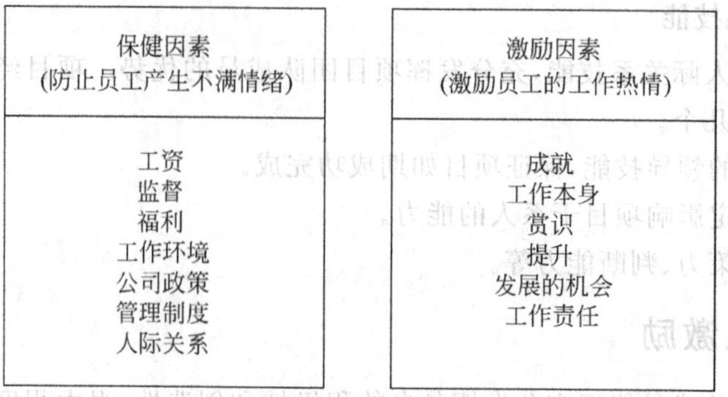

图 6-10 双因素理论

会对工作产生不满。但当人们认为这些因素很好时，人们不会不满意，并不会导致积极的态度，这就形成了某种既不是满意又不是不满意的中间状态。

2) 激励因素

那些能给人们带来积极态度和激励作用的因素称为"激励因素"，就是那些能实现个人自我价值的因素，包括成就、赏识、工作本身、提升、工作责任以及发展的机会。如果具备了这些因素，就能对人们产生更大的激励。从这个角度上讲，赫茨伯格认为传统的激励假设，如加薪、人际关系的改善、提供良好的工作环境等，都不会产生更大的激励；它们能消除不满意，防止产生问题，但这些传统的"激励因素"即使达到最佳，也不会产生积极的激励。而只有"激励因素"才能使人们有更好的工作成绩。

赫茨伯格告诉我们，物质需求的满足是必要的，没有它会导致不满，但是即使获得满足，它的作用往往是很有限的、暂时的。要调动人的积极性，更重要的是要注意工作的安排，人尽其才，各得其所，注重对人进行精神上的鼓励和认可，注意给人以成长、发展、晋升的机会。随着保健因素的满足，这种内在激励的重要性越来越明显。

**3. 期望理论**

期望理论是由北美著名心理学家和行为科学家维克托·弗鲁姆于 1964 年在《工作与激励》中提出来的激励理论。弗鲁姆认为，人们采取某项行动的动力或激励力取决于其对行动结果的价值评价和预期达成该结果可能性的估计。期望理论又称为"效价—手段—期望理论"（见图 6-11），这种需要与目标之间的关系用公式表示为

$$激励力 = 期望值 \times 效价$$

这种需要与目标之间的关系用过程模式表示，即"个人努力—个人成绩（绩效）—组织奖励（报酬）—个人需要"。

1) 期望值

期望值是人们判断自己达到某种目标或满足需要的可能性的主观概率。目标价值直接反映人的需要动机的强弱，期望概率反映人实现需要和动机的信心强弱。弗鲁姆认为，人总是渴求满足一定的需要并设法达到一定的目标。这个目标在尚未实现时，表现为一种期望，期望的概念就是指一个人根据以往的能力和经验，在一定的时间里希望达到目标或满足需要的一种心理活动。

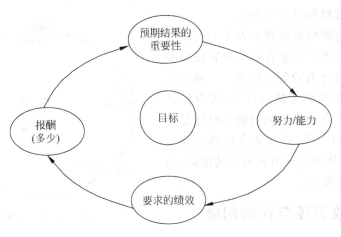

图 6-11 期望理论

目标的期望值为多少才算合适？人们把它形容为摘苹果。只有跳起来能摘到苹果时，人才最用力去摘。要是跳起来也摘不到，人们就不跳了。如果坐着便能摘到，无须去跳，便不会有人努力去做。因而领导给员工制订工作定额时，让员工经过努力就能完成，再努力就能超额，最有利于调动员工工作的积极性。定额太高，员工会失去信心，就不会努力去做；反之，员工也不会努力去做。期望概率太高、太容易完成的工作会影响员工的成就感，降低目标的内在价值。所以领导者制订员工生产定额，以及使员工获得奖励的可能性都有个度的问题，只有适度才能保持员工恰当的期望值。

2）效价

效价是指达到目标对于满足个人需要的价值。同一目标，因各个人所处的环境、需求的不同，其需要的目标价值也不相同。同一个目标对每一个人可能有 3 种结果，即正效价、零效价、负效价。如果个人喜欢其可得的结果，则效价为正；如果个人漠视其结果，则效价为零；如果不喜欢其可得的结果，则效价为负。效价越高，它的激励力量就越大。举个例子，若一副价格不菲的乒乓球拍，对于体育运动爱好者来说就是珍宝，而对于不喜欢体育运动的人来说它一文不值。

3）效价与期望值之间的关系

在实际生活中，每个目标的效价与期望常呈现负相关。难度大、成功率低的目标往往既有重大的社会意义，又能满足个体的成就需要，具有高效价；而成功率很高的目标则会由于实现起来容易而缺乏挑战性，做起来索然无味，而导致总效价降低。因此，设计、选择适当的目标，让人感觉有希望成功，而且值得为此而奋斗，便是激励过程中的关键问题。

# 6.3 绩效管理

## 6.3.1 绩效管理的概念

绩效管理是指各级管理者为了达到组织目标，在持续沟通的前提下，与员工共同进行绩效计划制订、绩效辅导实施、绩效考核评价、绩效反馈面谈、绩效目标提升的持续循环过程。绩效管理过程如图 6-12 所示。

　　绩效考核与激励是软件企业人力资源管理的一项重要工作，它也是调动团队成员积极性和创造性行之有效的手段之一。通过对项目团队成员绩效的考核与评估，考查团队成员的实践能力和业绩。项目的激励则是运用科学的方法和手段，对团队成员的需要给予满足或限制，从而激发团队成员的潜能，为完成项目的目标服务。

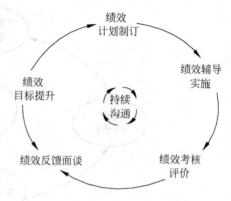

图 6-12　绩效管理过程

## 6.3.2　绩效管理存在的问题

　　当今软件企业多如牛毛，然而能真正做好绩效管理的企业凤毛麟角。在软件业界内，项目管理方法不完善，技术变化很快，需求层出不穷，加之市场竞争激烈，软件从业人员流动性较大。绩效管理主要面临以下问题。

**1. 员工主动参与度低**

　　多数员工认为绩效管理是人力资源部门的事，与自己无关。自己是被考核的对象，只要按规章制度要求做就行了。各级管理者和员工的参与度不够，他们往往是绩效管理的被动接受者。人力资源部门在绩效管理中的任务是将企业的发展目标具体地分解到各部门和员工，组织和协调各部门的工作，员工参与度和支持度是绩效管理工作成败的关键。

**2. 缺乏完整的绩效管理思想**

　　没有建立一套系统的绩效管理体系，没有厘清绩效管理的流程，片面地抓住了绩效管理的一个环节，即绩效考核，把绩效考核等同于绩效管理，将绩效管理简单地归结为对考核表格的设计、填报和认定工作，而并没有展开进一步的绩效分析、改进与提高，缺少绩效反馈过程与沟通等工作。

**3. 绩效考核标准不规范**

　　考核标准可操作性差，没有做到对具体岗位进行具体分析，定性指标太多，难以准确量化或过度量化，考核执行难。考核的结果不公正、不客观，进而影响了绩效考核的科学性。

**4. 绩效管理定位不准确**

　　绩效管理定位过于狭窄，往往把目的仅仅停留在给员工分级、发奖金、搞分配这些手段上，而忽视了绩效管理最终的目的是实现绩效的改进与提高，从而导致舍本逐末，无法实现绩效管理真正的功能和作用。

**5. 忽略沟通的作用**

　　多数管理活动失败的主要原因是沟通不到位。沟通在整个项目管理过程中起着举足轻重的作用，绩效管理也是如此。制订绩效计划和目标需要沟通，给员工评价需要沟通，收集员工的反馈也需要沟通,沟通无处不在、无时不有。

**6. 不能有效利用评估结果**

绩效管理评估结果是,企业往往对员工采取物质奖励或晋升的方式进行激励。软件企业中的绝大多数是思想活跃、最富创造性、渴望实现自我价值的知识分子。他们除了需要物质奖励外,更看重在企业的个人发展空间。因而要根据具体员工的价值需求,选用适当的激励方法将其最大潜能激发出来,促进企业的发展、员工自我价值和社会价值的实现。

## 6.3.3　绩效管理方法

由于软件企业绩效管理方法尚未成熟,存在这样或那样的问题,业界人士在不断地摸索新的管理方法。绩效管理通常基于软件企业战略目标实施的考虑,绩效管理方法如下。

**1. 制订考核计划**

首先要明确绩效考核的目的和对象,考核对象主要包括两类:整支团队的绩效计划和团队每个成员的绩效计划。其次选择适当的绩效考核内容和方法。最后确定绩效考核时间和周期。计划并不是一成不变的,在实际执行过程中根据具体情况进行适当调整。

**2. 进行技术准备**

绩效考核是一项技术性很强的工作,其技术准备主要包括确定绩效目标、考核标准、选择或设计考核方法、绩效跟踪以及培训考核人员等。在制订计划之前,要熟悉企业的发展战略、工作流程、岗位设置等,根据这些情况有针对性地进行绩效计划的制订。

**3. 绩效考核评价**

在绩效方案实施结束后,不管有没有达到预期目标,都要进行绩效评价。查漏补缺,以往考核过程中没有考虑周全的信息,要通过有效的沟通和讨论予以补充、完善,从而提高个体和整支团队的绩效。建立一套与考核指标体系有关的制度,并采取各种有效的方法来达到。

**4. 做出分析评价**

确定单项的等级和分值;综合同一项目各考核来源的结果;综合不同项目考核结果。

### 【思考题】

1. 团队建设需要注意哪些问题?
2. 在软件开发过程中信息和知识是如何传递的?
3. 项目团队管理方法有哪些?
4. 简述绩效管理的方法。

# 沟 通 管 理

## 7.1 沟通管理概述

    沟通管理是软件项目成功必不可少的要素——是人与人之间信息交流的桥梁。涉及软件项目的任何人都以项目"语言"发送和接收信息,并且一定要理解他们以个人身份参与的沟通如何影响整个软件项目。

    在软件项目开发过程中,充分的沟通是软件项目的进度和人力资源调度的保障。若在计划制订及实施过程中缺乏有效、充分的沟通,不但会影响项目的进度,还会挫伤项目团队人员的工作积极性,令供需双方彼此不信任,从而严重阻碍软件项目的开发进度。

    沟通管理主要包括传递软件项目信息的内容、传递软件项目信息的方法、传递软件项目信息的过程等方面的综合管理,是确定项目干系人信息交流和沟通的必要条件。

    软件项目沟通管理的目标是适时创建、收集、发送、存储和处理软件项目相关的信息。获取的信息量越大,软件项目的现状就越透明,对后续工作的把握就越大。

## 7.2 干系人

### 7.2.1 干系人识别

    一个软件项目要想成功,好的项目管理不可或缺。而好的软件项目管理,其前期的需求管理与分析则是必不可少的。需求管理与分析的对象是项目的干系人。软件项目干系人也称为软件项目利益相关者(Stakeholder),是指积极参与项目或其利益在项目执行中或成功后受到积极或消极影响的组织和个人。

识别干系人主要目的是区分能影响项目决策、活动或结果的个人、群体或组织,以及被前者所影响的个人、群体或组织,并分析和记录他们的相关信息的过程。

干系人识别主要用于分析干系人对项目的需求和期望,制订相应的管理策略,从而有效地调动干系人参与软件项目决策和执行。

## 7.2.2 干系人分析

干系人分析就是要确定项目干系人的需求和期望并对此做出分析。例如,在开发一个应用软件的时候,用户的目标是要开发一个满足需要的可靠、简单、实用的软件系统,则系统应力求结构设计简单、可靠性高,而不应把时间浪费在那些花哨的可有可无的功能上。

干系人分析方法中,主要有影响力/利益矩阵(见图7-1)和SWOT分析法等。

(1) 影响力/利益矩阵。干系人影响力/利益关系如图7-1所示。图中A~H的不同位置表示干系人的位置。正确识别出各类干系人,进行分别管理。对于权力大/利益高的干系人,要重点管理;而对于权力大/利益低的干系人,应使其满意;对于权力小/利益高的干系人,要随时告知;对于权力小/利益低的干系人,应对其进行监督,适度关注各类干系人。

(2) SWOT分析法。就是把所有掌握的因素根据轻重缓急进行排序,构成矩阵,从而进行对比分析。矩阵有4种因素,S代表优势(Strength),W代表劣势(Weakness),O代表机会(Opportunity),T代表威胁(Threat),因而该矩阵称为SWOT矩阵,如图7-2所示。

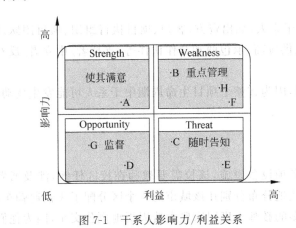

图7-1 干系人影响力/利益关系　　图7-2 SWOT矩阵

从图7-2中可以看出,S、W、O、T这4个因素共有4种策略,具体如下。

(1) 最小最小对策(WT对策),重点考虑劣势因素和威胁因素,竭力使这两种因素的影响降到最小。

（2）最小最大对策（WO 对策），重点考虑劣势因素和机会因素，竭力使劣势因素的影响降到最小，使机会因素提高至最大。

（3）最大最小对策（ST 对策），重点考虑优势因素和威胁因素，竭力使优势因素的影响升至最大，使威胁因素降至最小。

（4）最大最大对策（SO 对策），重点考虑优势因素和机会因素，竭力使优势因素和机会因素的影响升至最大。

表 7-1 列出了某项目的 SWOT 分析结果。

表 7-1　某项目的 SWOT 分析

| S（优势） | W（劣势） |
| --- | --- |
| 项目建设资金充足（S1） | 缺乏风险管理计划（W1） |
| 项目开发周期短（S2） | 系统体系结构设计不够充分（W2） |
| 客户要求较容易实现（S3） | 经营不善（W3） |
| 团队开发经验丰富（S4） | 研究开发落后（W4） |
| O（机会） | T（威胁） |
| 省里政策支持（O1） | 客户可能不接受产品（T1） |
| 消费者购买力增强（O2） | 新的工作流程需要项目组人员适应（T2） |
| 一些新技术可被融入系统中（O3） | 新的工作流程可能影响软件产品质量（T3） |

## 7.2.3　干系人登记

可通过头脑风暴法识别干系人，并把干系人列出来。干系人登记册是干系人识别的结果，主要记录已识别的干系人的详细信息。主要包括以下内容。

（1）基本信息，如干系人姓名、在组织中的职位、地点、在项目中的角色、联系方式等。

（2）评估信息，如干系人主要要求、主要期望、对项目的潜在影响、与项目生命周期的哪个阶段最密切。

（3）干系人分类，如为内部/外部干系人，如出资方、客户、项目执行组织、项目团队成员、项目总监、项目行政负责人、老板、供应商、承包商和合作伙伴等，支持者/中立者/反对者等。

应定期查看并更新干系人登记册，因为在整个项目生命周期中干系人可能发生变动，也可能识别出新的干系人。

## 7.2.4　干系人管理

某高校新建了一个校区，在完善各项设备设施，该校需要教师在校区任教，涉及通勤车的购置问题，起初学校按照教师居住地分布分别在该城市的 4 个区分配了 4 辆通勤车，然而随着时间的推移，还是有越来越多的教师下班回家要大费周折地倒公交车，因为他们的居住地没有通勤车往来。

于是这些教师联合起来签名给学校提意见，希望增加一辆通往该城市西部的通勤车。结果校方经讨论通过，决定增加通往西部的通勤车一辆。加车的愿望变成了现实。

由此可见，一个群体的需求、一条法律条文的变动、某个组织的一个决策都可能影响项目的成败。项目干系人对项目的成败有着不可忽视的密切关系。因此对干系人的有效管理相当重要。一个干练的项目经理能够采取适当的沟通方式,借助所拥有的资源、技能去沟通协调,影响干系人的行为,激发出干系人的正能量,从而达成软件项目的目标。干系人管理通常包括以下内容。

(1) 软件项目对关键干系人所需参与程度和当前参与程度。

(2) 干系人变更的范围及其带来的影响。

(3) 干系人之间的相互关系和潜在交叉。

(4) 需要发给干系人的信息,包括语言、格式、内容和详细程度。

(5) 更新和优化干系人管理方法。

## 7.3　沟通管理规划

沟通管理规划是指根据干系人的信息需要及组织的可用资源情况,制订合适的项目沟通方式和计划的过程。沟通管理规划的主要作用是识别和记录干系人效率最高的沟通方式。

良好的沟通计划对项目的成败起着举足轻重的作用。若软件项目沟通规划不当,可能会导致团队间信息流通不畅,从而阻碍项目进度。

### 7.3.1　沟通需求分析

根据干系人的信息需求,以及信息对干系人的价值,分析干系人的沟通需求,利用项目的资源保证沟通成功地进行。沟通需求分析需要明确以下4点。

(1) 哪些干系人有信息需求。

(2) 各个干系人需要何种的信息。

(3) 各个干系人何时需要何种信息。

(4) 如何给各个干系人发送不同的信息。

### 7.3.2　沟通方式

干系人间信息交流的方式主要有以下3类。

(1) 交互式沟通。各个干系人同时参与信息交流的过程,以确保全体参与者对特定话题达成共识,如会议、电话、视频会议、微信、QQ等。

(2) 推式沟通。为确保消息接收方收到消息,将消息发送给特定的接收方。这种方式只能保证发送方发送消息,却不能保证接收方理解消息。推式沟通主要有新闻、公告、电子邮件、报告、传真、日志等。

(3) 拉式沟通。当信息量很大或信息访问者较多时,需要信息接收者自行去访问信息内容。该方法包括企业内网、电子在线资源、经验教训数据库等。

根据沟通需求、现有的可用资源、时间成本的约束以及各个干系人对相关工具的熟悉程度,项目干系人可能需要集体讨论,选择合适的沟通方法。

### 7.3.3    沟通模式

图 7-3 所示为信息沟通的过程模型。信息沟通的主体有信息的发送方和接收方。信息的发送方以他自己传递信息的方式将信息编码后发送给接收方,发送的过程中会有噪声,信息的接收方在接收信息时应将噪声去掉,然后对接收到的信息进行解码,进而向发送方反馈信息。

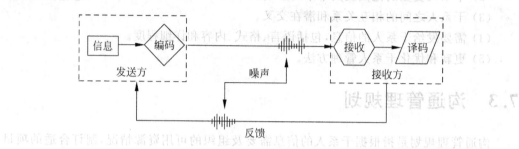

图 7-3    信息沟通的过程模型

为了保证信息的发送方和接收方准确一致地沟通,首先发送方应确保要发送信息的正确性、清晰性和完备性,使消息无误地传送至信息接收方,接收方正确理解信息后,向发送方做出相应的反馈。

### 7.3.4    沟通原则

为了保证有效、高效地沟通,参与沟通的双方要善于倾听,确认一方是否准确领会对方要表达的意图,而准确地表达思想也是沟通成功的关键。高效的沟通应遵循下列5个原则。

**1. 学会倾听**

最有价值的人未必是最能说的人,善于倾听是每个成年人的基本素质,是有效沟通的前提。

**2. 表达准确**

信息的表达要准确无歧义,不能误导或者让信息接收方产生误解。为了全方位、准确传递信息,就要综合使用各类交流方式,克服单一沟通方式的缺点。

**3. 及时沟通**

沟通的实效也影响沟通的效果,软件过程中发现问题时,应及时交流,集思广益,及时解决问题,杜绝由于信息通道阻塞而延误修正错误的最佳时机,最大限度地提高软件过程的质量。

**4. 双向沟通**

沟通是在信息的发送方和接收方之间进行的,为了确保沟通顺利实现,沟通一定是双向的。发送方一定要得到接收方的反馈,证明接收方已收到并准确理解发送的信息,否则,发送方应重发信息,从而保证沟通的有效性。

**5. 换位思考**

换位思考是保证沟通无障碍的一种方法。人们往往习惯于从自身的角度出发看问题，为了保证沟通的客观、畅通，沟通双方应学会换位思考，若自己处在对方的位置，自己会怎么看，避免沟通产生误解，使沟通双方在沟通问题上达成共识。

### 7.3.5　沟通管理计划

沟通管理计划是沟通管理规划的结果，也是项目管理计划的一部分，先通过收集信息，确定沟通目标，然后根据沟通目标确定沟通任务，再根据沟通的时间要求安排沟通计划，确定沟通实施所需的资源。该计划主要包含以下内容。

（1）干系人的沟通需求。分析确定哪些干系人需要什么信息，何时需要信息，确定干系人的沟通需求。

（2）沟通内容。确定需要沟通的信息，包括语言、格式、内容、详细程度等。尽量统一项目文件格式，统一各类文件模板，并提供编写指南。

（3）沟通方式。确定传达信息所用的技术、沟通渠道等，确保软件项目人员能够及时、准确获取所需的项目信息。

（4）项目信息发布的原因。发布项目信息时，应说明原因，使信息接收方心中有数。

（5）发布信息及告知获悉的时限和频率。使信息接收方明确信息发送的频率和时限，保证其及时了解信息并做出反馈。

（6）沟通职责。沟通负责人确定谁发送信息、谁接收信息。确定一个系统，负责收集、组织、存储，将适当的信息发给合适的人。同时系统应对发布的错误信息进行修正和更改。

（7）确定信息的接收方。确定接收信息的个人或组织。

（8）资源分配。根据沟通需要、现有资源情况，为沟通活动分配所需的资源、确定时间安排和预算。

（9）规定信息上报时限和上报路径。为确保沟通渠道畅通和沟通的时效性，下层员工无法解决问题时规定信息的上报时限和上报路径。

（10）沟通管理计划更新与优化。随着项目的进展，动态、实时更新沟通管理计划。

（11）通用术语表。项目管理计划中应罗列出项目交流的通用术语。

（12）项目管理计划中还应包括项目信息流向图、工作流程、报告清单、会议计划等。

（13）沟通制约因素。沟通制约因素通常来自特定的法律法规、技术要求和组织政策等。

此外，项目沟通管理计划书还应包括项目状态会议、项目网络会议等在内的各类沟通会议指南和模板、网络沟通平台、项目管理软件的使用说明书等。

## 7.4　沟通管理

沟通管理是根据沟通管理规划，以合适的方式将项目信息传递给项目人员，从而保证项目干系人间有效地沟通的过程。

### 7.4.1　信息发布

通过发布信息,使项目干系人及时了解所需要的信息。信息发布者应满足沟通计划的要求,并对于未列入沟通计划的信息做出应对。项目经理必须确定哪些人在什么时候需要何种信息,并确定信息传递的最佳方式,进而保证信息发布的效果最佳。

项目信息发布系统包括项目会议、手工工程图纸/设计规范等技术文档系统、项目内部网等。

### 7.4.2　干系人期望管理

干系人期望管理是指对项目干系人需要、希望和期望的识别,为满足干系人的需要而与之沟通和协作上的管理来满足其期望、解决其问题的过程。

不同的干系人对项目有不同的期望和需求,他们的关注点也大相径庭。例如,政府部门准备建设对群众办公的信息系统,上层管理机关则希望能够采集尽可能多的信息项以便进行各类统计分析,同时为了有效地控制信息而需要增加一些审批流程;基层对外办公的窗口则由于办公速度的压力而希望尽量减少输入信息量;办事群众更关注办事速度,希望相关政府机构简化工作流程;作为项目干系人的公司领导层也可能会提出一些技术上、接口上、环境上的要求;项目组本身因为技术、资源、进度等原因,也许会对一些功能进行优先级排序和取舍等。

弄清楚各个干系人的需求和期望,使项目管理者充分发挥其积极性,化解其消极影响,以确保项目取得成功。

干系人期望管理过程中,需要注意的问题如下。

(1) 更新干系人管理计划。若某干系人有了新的需求,则相应地要对干系人管理计划进行更新以适应干系人的新需求。

(2) 更新干系人登记册。若已有的部分干系人脱离了项目组,而又有新的干系人加入项目组,则应更新干系人登记册,使之与实际干系人情况相符。

(3) 更新问题日志。若识别出了项目的新问题或解决了当前问题,则应更新问题日志,使之与实际情况同步。

管理好干系人的期望,可赢得更多人的支持,将项目向成功推进。具体来讲,管理干系人的期望可带来下述好处。

(1) 能够赢得更多有影响力的干系人的支持,自然会得到更多的资源。

(2) 频繁、有效的沟通能确保完全理解项目干系人的需要、希望和期望。

(3) 能够预测干系人对项目的影响,尽早进行沟通、制订相应的行动计划,以免受到项目干系人的干扰。

### 7.4.3　沟通管理策略

沟通是实现管理的根本途径。统计数据表明,项目经理 80% 以上的时间用于沟通管理。沟通管理过程的每个环节、每个阶段都存在干扰因素,适当的沟通管理策略有助于解决沟通中存在的问题,实现高效、顺畅的沟通活动。有效沟通管理策略包括以下内容。

**1. 优化沟通环境**

（1）项目成员应善于将掌握的相关沟通知识应用到实践中。

（2）营造一个支持性的值得信赖的、诚实的组织氛围，让项目组成员在轻松、开放、自由的环境下工作，激发其积极性和创造性。

（3）制订共同的目标，消除组织不同级别成员间、不同部门间沟通障碍，使项目组成员齐心协力为共同目标而努力。

**2. 畅通沟通管理网络**

为保证沟通渠道畅通，经常对其进行检查，发现问题立即处理，沟通渠道主要有以下4类网络。

（1）属于政策、程序、规则和上下级之间关系的管理网络。

（2）解决问题、提出建议等方面的创新活动网络。

（3）包括表扬、奖赏、提升以及联系企业目标和个人所需事项在内的整合性网络。

（4）包括公司出版物、宣传栏等指导性网络。

**3. 明确管理沟通目的**

明确沟通目标，沟通时围绕目标，使信息接收方理解，从而达到沟通的目的。

**4. 确立管理沟通风格**

为了提高管理效率，需要把握的沟通原则主要有善于换位思考、根据沟通对象选择相应的沟通方法、勇于超越自我及调整沟通风格。

**5. 管理沟通效果因人而异**

受限于信息接收方的知识背景、心理特点、个性化特征等，在沟通时应慎重选择谈话方式、措辞等，使信息接收方易于接受。

**6. 建立反馈**

为确保信息接收方准确理解沟通目的，信息发送方准确传达信息，建立信息接收方与发送方间的反馈，避免发生误解。

**7. 净化管理沟通环境**

当时势不适于沟通时，比如，信息接收方情绪低落或遭遇困境，不能全神贯注于沟通过程时，则不要进行沟通。

**8. 管理沟通时机、方式、环境**

针对不同的情况，在适当的沟通时机，采用相应的沟通方式，实现信息的传递和理解。

**9. 建立双向沟通机制**

为了建立完善、高效的沟通机制，在沟通双方间建立双向沟通机制，保证沟通的目标被双方所理解，双方确认对方领会自己的意图，从而提高管理效果，促进项目的成功。

## 7.5　沟通控制

沟通控制是在整个项目生命周期中对沟通进行监督和控制,以确保满足项目干系人对信息的需求过程。

### 7.5.1　沟通障碍

在项目管理工作中,存在信息的沟通,也就必然存在沟通障碍。项目经理的任务在于正视这些障碍,采取一切可能的方法来消除这些障碍,为有效的信息沟通创造条件。由于项目组成员的性格、气质、情绪、见解等方面的差别,使信息在沟通过程中受个人素质、心理因素的影响制约,有以下3类沟通障碍。

**1. 主观障碍**

(1) 知觉选择偏差所造成的障碍。人们总是习惯接收部分信息,而摒弃另一部分信息(对自己不利的),这就是知觉的选择性。

(2) 管理人员和下级之间相互不信任。

(3) 沟通者的畏惧感及个人心理品质也会造成沟通障碍。

(4) 人们一般愿意与地位较高的人沟通。

**2. 客观障碍**

(1) 信息的发送方和接收方如果在空间上距离太远、接触机会少,就会造成沟通障碍。社会文化背景不同、种族不同而形成的社会距离也会影响信息沟通。

(2) 信息传递层次越多,它到达目的地的时间越长,信息失真率则越大,越不利于沟通。

另外,组织机构庞大,层次太多,也会影响信息沟通的及时性和真实性。

**3. 沟通方式障碍**

(1) 语言系统所造成的障碍。例如,措辞不当、丢字少句、空话连篇、文字松散、使用方言等,这些都会增加沟通双方的心理负担,影响沟通的进行。

(2) 由于沟通方式选择不当,沟通原则、方法使用过于死板所造成的障碍。

### 7.5.2　冲突管理

**1. 冲突(泛指各式各类的争议)**

关于冲突的两种不同的观点见表7-2。

表7-2　关于冲突的两种不同的观点

| 传统观点 | 现代观点 |
| --- | --- |
| 冲突是可以避免的 | 在任何组织形态下,冲突是无法避免的 |
| 冲突导因于管理者的无能 | 尽管管理者无能显然不利于冲突的预防或化解,但它并非冲突的基本原因 |

续表

| 传 统 观 点 | 现 代 观 点 |
|---|---|
| 冲突足以妨碍组织的正常运作,致使最佳绩效无从获得 | 冲突可能导致绩效降低,也可能导致绩效提高 |
| 最佳绩效的获得必须以消除冲突为前提 | 最佳绩效的获得有赖于适度冲突的存在 |
| 管理者的任务之一即在于消除冲突 | 管理者的任务之一是将冲突维持在适当水准 |

**2. 冲突来源**

任何一种冲突都有来龙去脉,绝非突发事件,更非偶然事件,而是某一发展过程的结果。冲突来源主要包括以下途径。

(1) 工作内容。关于如何完成工作、要做多少工作或工作以怎样的标准去完成会有不同意见,从而导致冲突。例如,在研制一个办公自动化系统时,是采用电子签名技术还是其他安全认证技术?

(2) 资源分配。人员分配、资源数量和优先使用权等问题。

(3) 进度计划。例如,在软件项目的需求分析阶段,一个团队成员预计他完成工作需要 5 周的时间,但项目经理可能回答说:"太长了,那样我们永远无法按时完成项目,你必须在 3 周内完成任务。"

(4) 项目成本。项目超支和客户的冲突等。

(5) 组织问题。人员对于某些工作规程/制度有不同意见。

(6) 个体差异。例如,项目进度落后需要加班时,每个人的加班方式不一样。

**3. 影响冲突解决的因素**

影响冲突解决的因素主要有冲突的相对重要性与激烈程度;解决冲突的紧迫性;冲突各方的立场;永久或暂时解决冲突的动机。

**4. 解决冲突的方法**

(1) 撤退/回避。从实际或潜在冲突中退出,将问题推迟到准备充分的时候,或者将问题推给其他人员解决。

(2) 缓和/包容。强调一致而非差异;为维持和谐与关系而退让一步,考虑其他方的需要。

(3) 强迫/命令。以牺牲其他方为代价,推行某一方的观点;只提供赢一输方案。通常利用权力来强行解决紧急问题。

(4) 合作/解决问题。综合考虑不同的观点和意见,采用合作的态度和开放式对话引导各方达成共识和承诺。

## 7.5.3 沟通艺术

沟通是一门学问,更是一门艺术,在软件项目管理中,讲究沟通艺术,减少沟通障碍和冲突,需要注意以下几点。

（1）以诚相待。

（2）民主作风（能虚心倾听干系人的意见，积极创造畅所欲言的气氛）。

（3）保持平等地位（避免居高临下，以教训人的口气说话）。

（4）学会聆听（要耐心地听对方讲话，不要随便插话和打断对方讲话）。

（5）以讨论和商量的方式进行双向沟通。

（6）要了解项目组成员（如性格、心理状态等）。

**【思考题】**

1. 沟通管理的目的是什么？

2. 有效的沟通主要遵循哪些原则？

3. 团队成员精神激励法主要有哪些？

4. 消除沟通障碍应该注意哪些问题？

5. 如何进行沟通控制？

# 第 8 章

# 风 险 管 理

## 8.1 风险管理概述

任何项目都有不确定性,即存在风险。若无较好的风险管理方法,则项目可能遭遇困境。风险会影响软件项目计划的实现,如果项目风险变成现实,就有可能影响项目的进度,增加项目的成本,甚至使软件项目不能实现。在项目实施之前,制订合理的风险计划,才能主动地管理风险,而不是受风险控制,束手无策。

### 8.1.1 风险管理的定义

韦氏字典(Webster's Dictionary)中是这样定义风险的:"风险是遭受损失、伤害、破坏的可能性。"

该定义有两层含义:第一,风险是损失发生的不确定性及不期望发生事件造成的不利情况有多种可能性;第二,风险是不确定的一种随机现象,用概率表示其发生的可能性。

应该注意的是,风险是相对的,尽管风险客观存在,但它依赖于决策目标。主要取决于两个要素,即行动方案和未来环境状态。

项目风险具有不同的组成要素,如项目不希望发生的事件、事件发生的概率、事件的后果等。

每个项目的风险可定义为不确定性和后果的函数,即

$$风险 = f(事件,不确定性,后果)$$

$$风险 = f(事故,安全措施)$$

软件项目风险如图 8-1 所示。一般来说,项目产生风险的可能性越大,对项目造成的影响就越大,就越容易导致高风险。

对于软件项目责任人来说,项目的成功完成是终极目标,然而由于软件过程会有这样

或那样的风险,应关注何种风险会导致项目失败。在软件过程中涉及的各种变更是否会对软件产品的成功交付产生影响也是项目负责人应该重点关注的问题。

风险管理是指对项目的风险进行识别、分析和控制的系统性过程。

软件项目风险管理就是试图以一种可行的原则和实践,规范化地控制影响项目成功的风险,其目的是辨识、描述和消除风险因素,以保证软件的成功运作。

根据美国项目管理学会(PMI)的报告,风险管理有 3 层含义。

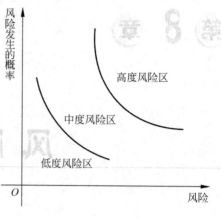

图 8-1　软件项目风险

(1) 系统识别和评估风险因素的形式化过程。

(2) 识别和控制能够引起不希望的变化的潜在领域和事件的形式、系统的方法。

(3) 在项目期间识别、分析风险因素,采取必要对策的决策科学和决策艺术的结合。

软件项目风险管理是软件项目管理的重要内容。在进行软件项目风险管理时,要辨识风险,评估它们出现的概率及产生的影响,然后建立一个规划来管理风险。风险管理的主要目标是预防风险。

## 8.1.2　风险管理过程

项目风险管理过程是指对项目风险从识别到分析乃至采取应对措施等一系列过程,包括风险识别(Risk Identification)、风险分析(Risk Analysis)、风险应对(Risk Response)和风险监控(Risk Monitoring and Control),将积极因素产生的影响最大化和使消极因素产生的影响最小化,或者说达到消除风险、回避风险和缓解风险的目的,如图 8-2 所示。风险分析主要包括风险定性分析和风险定量分析。

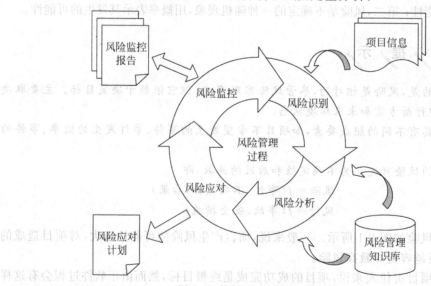

图 8-2　软件项目风险管理过程

## 8.2 风险管理模型

### 8.2.1 Charette 模型

Charette 设计的风险管理体系分为两个阶段：分析阶段和管理阶段。每个阶段包含3个过程，这是一个相互重叠和循环的模型。Charette 同时为各个过程提供了相应的战略思路、方法模型和技术手段。

### 8.2.2 Boehm 模型

1991 年，Boehm 描述了他的风险管理模型。他认为软件风险管理是试图将影响软件项目成功的风险形式化为一组易用的原则和实践的集合，在风险成为导致项目返工进而威胁到项目的成功运作之前，识别、描述并消除这些风险。Boehm 模型将风险管理过程分成两个步骤，即风险评估和风险控制。其中，风险评估包括风险识别、风险分析、风险排序；风险控制包括制订风险管理计划、解决风险、监控风险。

Boehm 风险管理模型的核心是维护和更新 10 大风险列表。Boehm 通过对一些大型项目进行调查总结出了软件项目 10 大风险列表，如表 8-1 所示。

表 8-1 软件项目的 10 大风险

| 人员短缺 | 非实质性能要求过高 |
|---|---|
| 不合理的工期和预算 | 需求不断变更 |
| 不合时宜的需求 | 可外购部件不足 |
| 软件功能开发错误 | 外部已完成任务不及时 |
| 用户界面开发错误 | 实时性能过低 |

在软件项目开始时归纳出项目的风险列表，在项目的生命周期中定期召开会议实时对列表进行更新、评比。10 大风险列表可让高层经理的注意力集中在项目成功的关键因素上，有效地管理风险并减少高层经理的时间和精力。

### 8.2.3 CMMI 模型

CMMI(Capacity Matwity Model Integration)风险管理模型是由 SEI(Software Engineering Institute)在 CMM 基础上发展而来。目前，CMMI 是全球软件业界的管理标准。风险管理过程域属于 CMMI 的第三级，即在已定义级中建立一个关键过程域(Key Practice Area，KPA)。CMMI 认为风险管理是一种连续的、前瞻性的过程。它要识别潜在的可能危及关键目标的因素，以便策划应对风险的活动和在必要时实施这些活动，缓解不利的影响，最终实现组织的目标。

CMMI 风险管理模型主要有 3 个目标，每个目标的实现需要通过一系列的活动来完成，如图 8-3 所示。

该模型的核心是风险库，实现各个目标的各个活动可更新这个风险库。其中，活动"建立风险管理策略"与风险库的联系是一个双向的交互过程，即通过采集风险库中相应

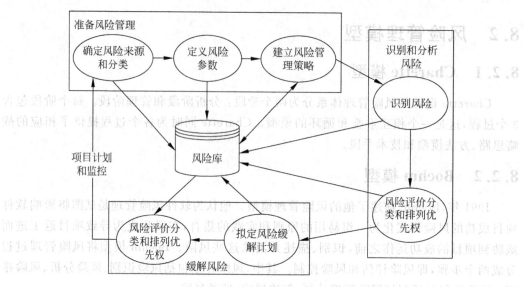

图 8-3   CMMI 风险管理模型

的数据并结合前一活动的输入来制订风险管理策略。

## 8.2.4   MSF 模型

微软解决方案框架结构（Microsoft Solution Framework,MSF）是一组建立、开发和实现分布式企业系统应用的工作模型、开发准则和应用指南。MSF 揭示出成功设计、构建和管理技术基础结构或商业解决方案所需要了解的一些重要风险、设计基础假设和关键的依赖关系，如图 8-4 所示。它包括明确的知识库（Knowledge Base,KB）、应用指南和实践经验。

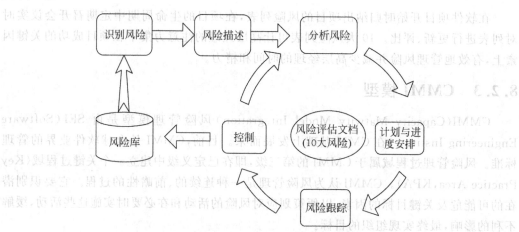

图 8-4   MSF 风险管理模型

MSF 是一种框架结构，它提供解决总体问题、做出有效决策的轮廓。它能够确定项目最大的风险在何处，强调制订计划和确定进度，确保成功发布一个产品所必备的条件。

首先要对项目风险进行识别；其次进行风险描述、风险分析，形成风险评估文档，围绕可能出现的 10 大风险进行风险管理,先做出风险计划与进度安排,跟踪风险,对风险进行控制,最后形成风险库。在进行风险管理时,依据风险库中的风险列表,对照项目的实际情况进行风险识别。

## 8.3　风险识别

风险识别是软件项目风险管理的基础和重要组成部分。它的任务是确定可能影响项目的风险事件,并记录风险特征的过程,如图 8-5 所示。

风险识别的输入可能是项目计划、WBS、历史项目数据、项目约束和假设、公司目标等。

风险识别方法主要有头脑风暴法、德尔菲法、检查表法和情景分析法等。

图 8-5　风险识别过程

### 8.3.1　风险识别方法

**1. 头脑风暴法**

头脑风暴会议是一种自由、即兴发言的会议,邀请团队以外的多学科专家、项目成员、客户等组成小组,在主持人的引导下,大家各抒己见、畅所欲言、互相启迪,根据个人经验尽量列出尽可能多的风险和威胁。

头脑风暴法应遵循的原则:不对任何人的任何意见做讨论和批评,营造一种宽松、自由的气氛,激发各个成员的积极性和创造性。

头脑风暴法的优点:可以充分发挥与会者的创造性思维,从而对项目风险进行全面识别。

**2. 德尔菲法**

德尔菲法又称为专家调查法,其本质上是一种匿名反馈的函询法。它产生于 20 世纪40 年代末,最早由美国兰德公司用于技术预测,之后这种方法广泛应用于经济、社会、工程技术等领域。

德尔菲法的具体操作步骤:针对需要进行风险识别的软件项目,匿名咨询该领域相关专家,然后将各专家的反馈意见进行统计、归纳、整理后,再反馈给各专家,再次征询意见,如此反复至四五轮,直至各专家意见趋向一致,作为最后的结论。

德尔菲法最终得到的是反映各专家真实意见的风险预测结果,它可以避免因个人因素对项目风险识别结果造成的负面影响。

**3. 检查表法**

检查表法通过对照项目风险检查表中的风险检查条目,判断哪些风险会出现在项目中。项目相关人员可根据经验对风险检查表进行修订和补充。这种方法可使管理者重点识别一些常见类型的风险。

**4. 情景分析法**

情景分析法根据项目发展趋势的多样性,通过对系统内外相关问题进行系统分析,设计出多种可能的愿景,然后用类似于撰写电影剧本的手法,对系统发展态势做出自始至终的情景和画面的描述。

情景分析法是一种适用于对可变因素较多的项目进行风险预测和识别的技术,它首先假定关键影响因素可能发生,然后构造多重情景,提出多种未来的可能结果,便于采取适当措施防患于未然。风险识别的结果形成一个风险清单表,如表8-2所示。

表8-2　风险清单

| 风　　险 | 类　　别 |
|---|---|
| 规模估算可能偏低 | 产品规模 |
| 用户数量大大超出计划 | 产品规模 |
| 交付期限将被紧缩 | 商业影响 |
| 资金将会流失 | 客户特性 |
| ⋮ | ⋮ |

## 8.3.2　风险识别过程

典型的风险识别过程如图8-6所示。首先识别出影响风险的因素;其次分析哪些人可能会受到损害、如何受到损害;最后对风险进行评估,记录发现的结果,形成文档。对风险进行监控、评审。

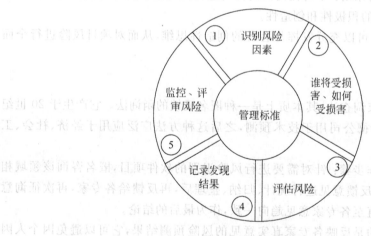

图8-6　风险识别过程

# 8.4　风险评估

风险评估是指对风险发生的概率进行估计和评价,对项目风险后果的严重程度进行分级和评估,分析、评价项目风险影响范围和项目风险发生时间。

风险值(风险的严重程度)$R=F(P,I)$,它是风险发生的概率 $P$ 和风险发生后对项目

目标的影响程度 $I$ 的函数。要先确定风险的优先次序,对风险的严重程度进行排序,确定最需关注的 10 大风险。

风险评估的方法包括风险定性评估和风险定量评估。

## 8.4.1 风险度量的内容

### 1. 风险定性评估

风险定性评估就是定性地评估风险发生的概率及后果。风险概率度量有高(H)、中(M)、低(L);极高、高、中、低、极低;不可能、不一定、可能和极可能 3 种分类。风险后果度量有高、中、低;极高、高、中、低、极低;灾难、严重、一般、轻微、可忽略 3 种分类。

风险概率及后果估计矩阵如图 8-7 所示。

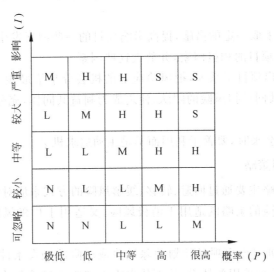

图 8-7 风险概率及后果估计矩阵

### 2. 风险定量评估

风险定量评估是指定量分析每一个风险的概率及其对项目造成的后果,以及项目总体风险的程度。分析方法主要有盈亏平衡分析、模拟、专家访谈、决策树分析、量化风险检查表。

### 3. 专家访谈

邀请相关领域经验丰富的专家,让他们运用其丰富的领域知识对软件项目的风险进行度量。专家访谈的评估结果会相当准确、可靠,甚至有时比通过数学计算和模拟仿真得出的结果还要准确、可靠。

若风险的影响后果的大小不易直接估算,可以把后果细分为更小的部分,再对其进行评估,然后把各个部分的结果累加,得到总的评估值。

## 8.4.2 风险分析技术

风险分析技术主要有情景分析法、专家决策法、损失期望值法、评分矩阵、模拟仿真法、数学模拟或系统模型、风险评审技术、网络仿真系统和敏感性分析法等。

## 8.5　风险监控和规避

对软件项目的风险进行评估之后,针对风险分析的结果,制订相应的策略和措施应对风险,从而减少甚至消除风险事件。

主要有两种风险应对方式,即积极风险应对策略和消极风险应对策略。

**1. 积极风险应对策略**

积极风险应对策略主要采取积极主动的方式去应对风险。主要有以下4种策略。

(1)开拓。为了确保项目目标得以实现,开发对项目有积极影响的风险,从而促成积极影响的出现。

(2)提高。通过采取一定的措施,提高影响项目的一些因素发生的概率和积极影响。要善于识别可以影响项目的积极因素,并放大这些因素。

(3)分享。识别出项目干系人,把风险应对的机会分享给最能为了项目利益而抓住机会的第三方,组成共同承担风险的团队,使之成为利益共同体,充分利用机会,使各方共同受益。

(4)接受。当机会来时,要善于利用而不是主动追求机会。

**2. 消极风险应对策略**

消极风险应对策略主要通过回避、转移、缓解风险的方式来应对可能给项目带来消极影响的风险。接受风险的策略既适用于消极风险,又适用于积极风险或威胁。4种应对策略如下。

(1)回避风险。通过变更项目计划消除风险或风险的触发条件,对可能发生的风险尽可能回避。比如,放弃采用新技术,从而从根本上消除了风险的来源,将风险发生的概率降为零。该方法简单、彻底。

需要注意的是,此种方法需要项目负责人对风险有充分的认识,若其他风险策略效果不明显时,可考虑采用此法,同时要考虑到,此法可能会引起其他风险。该方法并非适用所有情况,要根据具体情况进行分析。

(2)转移风险。为了避免项目风险带来的损失,将项目风险的结果以及风险应对的权利转嫁出去的方法。比如,采购、分包、免责合同或保险。然而该方法不能从根本上消除风险。

(3)缓解风险。在风险发生前采取一些措施,将项目风险时间的概率或结果降低到一个可以接受的程度,如为了留住人才提高人员待遇、改善工作环境等。其中,降低风险发生的概率更有效。

(4)接受风险。不变更项目计划,项目团队有意识地考虑风险发生后应承担风险后果。

当风险避免不了时,或采取风险策略的成本超过风险发生后所造成的损失时,可采取接受风险的策略。

## 8.5.1 风险应对

软件项目开发的早期阶段,由于对项目了解的信息较少,风险发生的可能性比较大,风险发生得越早,需要付出的代价就越小。因而,越早应对项目中存在的风险,造成的损失就越小。

## 8.5.2 风险监控

风险监控过程主要内容有实施和跟踪风险管理计划、确保风险策略正在合理使用、监视剩余的风险和识别新的风险、收集可用于将来风险分析的信息,如图 8-8 所示。

图 8-8 风险监控过程

**1. 建立风险监控体系**

建立项目风险监控体系,可通过制订项目风险的方针、程序、责任制度、报告制度、预警制度、沟通程序等方式控制项目风险。

通过项目风险审核确定项目风险监控活动和有关结果是否符合项目风险计划,以及风险计划是否有效地实施并达到预定目标。系统地进行项目风险审核可保证有效地开展项目风险监控,有效地改进项目风险监控活动。

**2. 挣值分析**

挣值分析就是分析项目在成本和进度上的偏差。若偏差较大,则需要进一步对项目风险进行识别、分析。

**3. 风险变化趋势图**

风险变化趋势如图 8-9 所示,随着软件项目开发的推进,软件项目风险发生的概率越来越小,而处理风险的时间成本越来越高。

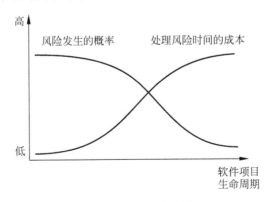

图 8-9 风险变化趋势

#### 4. 风险应对

完全避免风险的最好方法是停止执行项目,需要判断是否值得承担风险来换取项目的收益。或者设置几道防线来规避风险,把风险分配给有能力控制风险的一方,尽量让受风险影响最小的一方承担风险等。

#### 5. 风险监控过程

通过设置控制基线实现风险监控,即确定各类风险的阈值,根据实际情况来决定风险应对措施,防微杜渐,如图 8-10 所示。一旦风险发生的可能性超过风险控制基线,就启动风险应对措施,缓解风险,从而把风险保持在可控可接受的范围内。

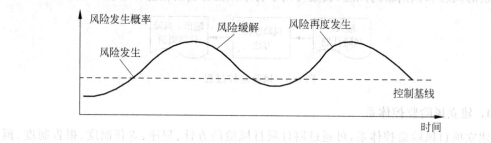

图 8-10　风险监制

### ✎【思考题】

1. 风险管理的目的是什么?
2. 如何进行风险管理?
3. 风险识别方法有哪些?
4. 如何进行风险评估?
5. 如何进行风险监控和规避?

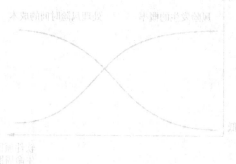

# 第 9 章

# 配 置 管 理

软件过程面临的一个主要问题是持续不断的变化,变化可能导致混乱,而软件配置管理就是用于控制变化。软件配置管理是控制软件系统演变的学科,其概念自产生到现在已经多年了,今天的 IT 业界也已然明白了软件配置管理的重要性。

## 9.1 相关概念

### 9.1.1 软件配置及软件配置项

配置管理(Configuration Management,CM)的目的是建立和维护在整个软件生命周期中软件项目产品的完整性和一致性。它的主要目标是使修改部分更容易被适应,并减少变化中所花费的工作量。配置管理在一个软件项目中是必需的,特别是对那种规模大且周期较长的项目。

软件配置管理是始终贯穿整个软件过程的保护性活动。因为对软件的修改变化可能发生在任意时间,软件配置管理的一系列活动被设计成为标识变化、控制变化和保证变化被适当地实现,以及向其他可能的人员报告变化的一个有力和有效工具。

在学习软件配置管理之前,明确地区分软件维护和软件配置是很重要的。软件维护是发生在软件已经交付给客户,并投入使用后的一系列软件工程活动;而软件配置管理则是当软件项目开始时就启动,并且仅当软件退出运行后才终止的一组跟踪和控制活动。

在软件项目开发中,软件开发过程的输出信息可以分为 3 类:计算机程序(源代码和可执行程序);描述计算机程序的有关文档(针对技术开发者和用户);数据(包括在程序内部或者程序外部)。这些内容包括了在软件开发过程中产生的几乎所有的信息,统称为软件配置。

随着软件过程的进展,软件配置项(Software Configuration Items,SCI)迅速增长。一般地,系统的软件规格说明了产生软件项目计划和软件需求说明以及与硬件相关的文档资料,然后在这些文档基础上又产生了其他的一些文档,从而形成了一个信息层次。

如果每个 SCI 仅仅固定地产生其他一些 SCI,那么,对于一个项目,软件配置几乎是不会产生混淆的。但是,在实际情况中,一个变量进入软件过程中,即变化,不但是需求的变化,而且对先前理解错误的更正都能带来变化。为了任意的理由,变化可以随时发生。事实上,正如系统工程中的那样,不管在系统生命周期的什么地方,系统都将会发生变化,并且对变化的希望将持续于整个生命周期中。

在软件开发项目中,变化是必然的,这主要由以下原因决定。

(1) 新的商业机会的出现或市场条件的变化,引起产品需求或业务的变化。

(2) 客户根据自身的情况,提出新的需要。可能要求修改信息系统处理的数据、流程,改变产品提供的功能,或者增加基于计算机系统所提供的信息服务。

(3) 企业改组或者流程改造,导致系统项目优先级或者软件工程队伍结构的变化。

(4) 项目预算或者进度的限制,导致系统或者产品的重定义。

## 9.1.2　软件配置管理

软件配置管理(Software Configuration Management,SCM)是软件过程的关键要素,是开发和维护各个阶段管理软件演进过程的一种方法和规程。软件配置管理包括标识在给定时间点上软件的配置,系统地控制对配置进行的修改,并维护在整个软件生命周期中配置的完整性、一致性和追踪性。这里的配置是指软件或者硬件所具有的功能特征和物理特征,这些特征可能是技术文档所描述的或者产品所实现的功能。

软件配置管理使得整个软件产品的演进过程处于一种可视的状态。开发人员、测试人员、项目管理人员、质量保证小组以及客户等都可以方便地从软件配置管理中得到有用的信息。这些信息主要包括:软件产品由什么组成,处于什么状态,对软件产品做了什么变更,谁做的变更,什么时间做的变更,为什么要做此变更等。

软件配置管理作为能力成熟度模型第 2 级的一个关键域,在整个软件的开发活动中占有很重要的位置。正如 Pressman 所说:"软件配置管理是贯穿于整个软件过程中的保护性活动,它被设计来标识变化、控制变化、保证变化被适当地发现,以及向其他可能有兴趣的人员报告变化。"所以,必须为软件配置管理活动设计一个能够应用于现有软件开发流程的管理过程,甚至直接以这个软件配置管理过程为框架,来再造组织的软件开发流程。

软件配置管理的活动可以归纳为 4 个主要方面,即配置标识、变更控制、配置状态统计、配置审核,如图 9-1 所示。

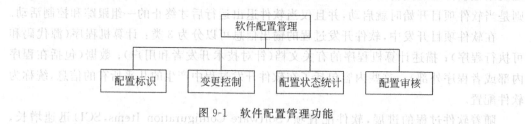

图 9-1　软件配置管理功能

其中,配置审核分为正式审核和非正式审核。通常在软件生命周期的一些关键阶段采取非正式审核。例如,在开始系统设计前,一般要进行配置审核,检验需求规格说明配置的完整性和正确性;而在软件交付客户前则采取正式审核。正式审核分为功能型和物理型两种。功能型配置审核主要检验软件功能是否满足系统需求规格中所定义的软件需求,即根据需求检验系统。物理型配置审核主要确定软件产品和设计文档是否符合合同的相关要求,即根据合同来验证系统。

软件配置管理的主要目的是建立和维护在项目的整个生命周期中软件项目产品的完整性,同时还包括实施软件配置管理功能的实践。而标识具体的配置项/配置单元的实践则包含在描述每个配置项/配置单元的开发和维护的关键过程中。

具体来讲,实施软件配置管理应该达到以下几个目标。

(1) 软件配置管理活动是有计划的。

(2) 选定的软件工作产品是已标识的、受控制的和适用的。

(3) 已标识的软件工作产品的变更是受控制的。

(4) 受影响的组织和个人可以适时得到软件基线的状态和内容的通知。

## 9.1.3 基线

在软件开发过程中,需求会发生变化,源代码会发生变化,那么如何使变更在受控的情形下进行?

基线就是这样一个软件配置管理的概念,它能够帮助在不严重阻碍合理变更的情况下来控制变更。IEEE 定义基线如下:“已经通过正式评审和批准的某个规格说明书或产品,因而可以作为进一步开发的基础,并且只能通过正式的变更控制过程被改变。”

基线产生前,变更可以迅速而非正式地在配置项上进行,然而,一旦基线创建,就必须应用特定的、正式的流程来评估和验证每个变更。

可以将基线理解为软件开发过程中的里程碑,当里程碑所需要的每个软件配置项提交到了配置管理系统,并且它们已经通过了正式的技术评审后,就产生一个基线。典型的基线有功能基线、开发基线、分配基线等。例如,功能基线就是指系统的需求规格说明书已经通过了正式评审并已交付到系统中。

现代软件配置管理系统都提供了相应的基线技术,包括基线的标识和晋升、下降、废弃等,并且结合每日构建、持续集成等敏捷思想,使得开发基线的评审更为高效和具有实际意义。

## 9.1.4 CCB

项目变更控制委员会(Configuration Control Board,CCB)或相关职能的类似组织,是项目的所有者权益代表,负责裁定接受哪些变更。

项目范围变更很可能需要额外的项目资金、额外的资源与时间,因此,应建立包括来自不同领域的项目利益相关者在内的变更控制委员会,以评估范围变更对项目或组织带来的影响。这个委员会应当由具有代表性的人员组成,而且有能力在管理上做出承诺。

CCB 是决策机构,不是作业机构。通常,CCB 的工作是通过评审手段来决定项目是否变更,但不提出变更方案。

CCB 成员包括配置经理、StarTeam 管理员、项目集成员和项目经理。

## 9.2　软件配置管理基本活动

实施软件配置管理必须具有事先的约定与组织、人事、资源等方面的保证。这些都是顺利实施软件配置管理的基础。实施软件配置管理就是要在软件整个生命周期中,建立和维护软件产品的完整性。这需要软件配置管理小组与其他相关小组协调共同完成。一般地,实施软件配置管理应该包括以下活动。

(1) 制订软件配置管理计划。

(2) 确定配置标识。

(3) 版本管理。

(4) 变更控制。

(5) 系统整合。

(6) 状态报告。

(6) 配置审计。

### 9.2.1　制订软件配置管理计划

一个软件开发项目设立之初,项目经理首先需要制订整个项目的计划,它是项目研发工作的基础。在有了总体项目计划后,软件配置管理的活动就可以展开了。如果不在项目开始时就制订软件配置管理计划,那么软件配置管理的许多关键活动就无法及时有效地进行,其直接后果就是项目开发状况的混乱,并注定软件配置管理活动仅仅成为一种"救火"行为。因此,及时制订一份可行的软件配置管理计划在一定程度上是项目成功的重要保证措施之一。

在软件配置管理计划的制订过程中,其主要流程如下。

(1) 项目经理和 CCB 根据项目的开发计划确定各个里程碑和开发策略。

(2) 根据 CCB 的规划,制订详细的配置管理计划,交 CCB 审核。

(3) CCB 通过配置管理计划后交给项目经理批准,发布实施。

配置管理虽然只有在软件开发开始后才管理软件系统,但成功的软件配置管理依靠许多的计划,配置管理计划应该贯彻软件开发的所有阶段。配置管理计划不是一个孤立的活动,它是整个软件项目计划管理过程的一个有机组成部分,并且与这个过程中的所有其他活动相关。在开发一个大型软件项目过程中,需要产生大量文档。这些文档大部分都是技术文档,为今后的开发提供了更多依据。然而,这些文档都需要经常性地、周期性地发生改变,因此,在系统维护有关文档时都应该在配置控制下进行,配置管理计划的一个关键任务就是确定要控制哪些文档。

在已建立了要管理的文档后,配置管理计划必须定义以下问题。

(1) 文档命名约定。

(2) 正式文档的关系(项目计划书、需求定义、设计报告、测试报告都是正式文档)。

(3) 确定负责验证正式文档的人员。

(4) 确定负责提交配置管理计划的人员。

文档命名约定规定:在配置管理控制下,所有文档只能有一个唯一的文档名。相关的文档应该要有相关的名。这可以采用一个层次结构的命名约定来实现。

制订配置管理计划中,必须定义以下问题。

(1)根据已文档化的规程为每个软件项目制订软件配置管理计划。这个规程一般规定:在整个项目计划的初期制订软件配置管理计划,并与整个项目计划并行;由相关小组审查软件配置管理计划,管理和控制软件配置管理计划。

(2)将已文档化且经批准的软件配置管理计划作为执行配置管理活动的基础。该计划应该包括需要被执行的配置管理活动、活动的日程、指派的责任和需要的资源(包括人员、工具、计算机设施等);配置管理的需求和由软件开发小组与其他相关小组执行的配置管理活动一样。

## 9.2.2 确定配置标识

配置项的识别是配置管理活动的基础,也是制订配置管理计划的重要内容。根据9.1.3小节基线的定义,在软件的开发流程中把所有需要加以控制的配置项分为基线配置项和非基线配置项两类。

所有配置项都应按照相关规定统一编号,按照相应的模板生成,并在文档中的规定部分记录对象的标识信息。在引入软件配置管理工具进行管理后,这些配置项都应以一定的目录结构保存在配置库中。

所有配置项的操作权限都应当严格管理,基本原则是基线配置项向软件开发人员开放读取权限;非基线配置项向项目经理、CBB及相关人员开放。

要有效地进行配置管理,需要开展以下活动确定配置标识。

(1)建立一个配置管理库作为存放软件基线的仓库。基线是指已经通过正式评审和认可的标准,作为以后进一步开发的基础,并且只有通过正式的更改控制规程才能进行更改的规程说明或者产品。当软件基线生成时,就纳入软件基线库中。存取软件基线内容的工具和规程就是配置管理库系统。

(2)标识置于配置管理下的软件工作产品。置于配置管理下的软件工作产品主要包括可交付给客户的软件产品(如软件需求文档和代码等),以及与这些软件产品等同的产品项或者生成这些软件产品所需要的产品项(如编译程序、运行平台等)。配置标识就是为系统选择配置项,并在技术文档中记录其功能特征和物理特征。

(3)根据文档化的规程,提出、记录、审查、批准和跟踪所有配置项/配置单元的更改要求和问题报告。

(4)根据文档化的规程记录配置项/配置单元的状态。该规程一般规定:详细地记录配置管理行动,让每个成员都知道每个配置项/配置单元的内容和状态,并且能够恢复以前的版本;保存每个配置项/配置单元的历史,并维护其当前状态。

## 9.2.3 版本管理

版本管理(版本控制)是软件配置管理的核心功能。所有置于配置库中的元素都应该自动予以版本的标识,并保证版本命名的唯一性。版本在生成过程中,将根据预先设定的使用模型自动分支、演进。除了系统自动记录的版本信息外,为了适应和配合软件开发流程的各个阶段,还需要定义、收集一些元数据(Metadata)来记录版本的辅助信息和规范开发流程,并为今后对软件过程的度量做好准备。如果使用的工具能够提供支持,这些辅助数据能直接统计出过程数据,支持软件过程改进(Software Process Improvement,SPI)活动的进行。

对于配置库中的各个基线控制项,应该根据基线位置和状态来设置相应的访问权限。一般来说,对于基线版本之前的各个版本都应处于被锁定的状态,如果需要对它们进行变更,则应按照变更控制的流程进行操作。

版本控制一般都结合规程和工具,以便管理在软件工程中所创建的配置对象的不同版本。软件配置使得用户能够通过对适当版本选择来指定可选的系统配置,这一点的实现是通过将属性关联到每个软件版本上,然后通过描述一组所期望的属性来指定和构造的,这些"属性"可以简单到赋予每个对象的标本号,或复杂到用以指明系统中特定类型的功能变化的布尔变量串。

一个系统不同版本所示的演化图如图 9-2 所示,图中每一个节点均是一种表示方式,每一个节点均是聚集对象,即是软件的一个完整版本。

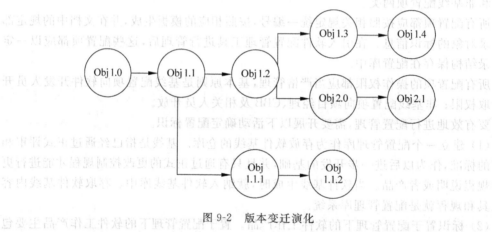

图 9-2　版本变迁演化

软件的每个版本是一组源代码、文档、数据(简称 SCI)的集合,并且每个版本可以由多种不同的变体组成。为了阐明这个概念,考虑一个由构件 1、2、3、4 和 5 组成的简单程序,如图 9-3 所示。此处,构件 4 仅当软件采用显示器实现输出时才使用,构件 5 仅当采用文件存储时才实现,因此,可以定义该版本的两个变体:①构件 1、2、3 和 4;②构件 1、2、3 和 5。

一般地,版本控制要求完成以下主要任务。

(1) 建立控制项。

(2) 重构任何修订版的某一项或者某一文件。

(3) 利用加锁技术防止覆盖。

(4) 当增加一个修订版时要求输入变更描述。

(5) 提供比较任意两个修订版的使用工具。

(6) 采用增量存储方式。

(7) 提供对修订版历史和锁定状态的报告功能。

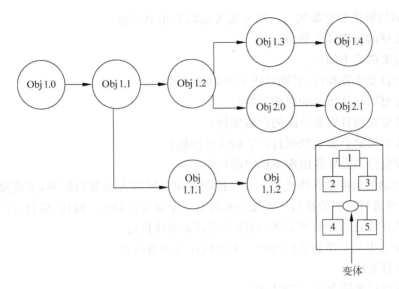

图 9-3　版本及其变体

（8）提供归并功能。

（9）允许在任何时候重构任何版本。

（10）控制权限的设置。

（11）渐进模型的建立。

（12）提供各种报告。

## 9.2.4　变更控制

变更控制的目的并不是控制和限制变更的发生，而是对变更进行有效管理，确保变更有序地进行。对于软件开发项目而言，发生变更的环节比较多，因此变更控制显得格外重要。软件项目开发过程中引起变更的因素主要有以下两个。

（1）来自外部的需求变更要求。如客户要求修改项目范围、工作范围、功能需求、性能要求等。

（2）来自开发过程内部的需求变更要求。例如，为解决测试中发现的一些错误而修改源代码甚至设计，或者因为技术原因修改原来的设计方案等。

相比较而言，最难处理的是来自外部的需求变更，因为 IT 项目需求变更的概率比较大，而且引发的工作量增加也更大，特别是越到项目的后期，影响越严重。

变更控制不能仅仅在开发过程中依靠流程来控制，更有效的方法是在事前进行明确定义。事前控制的一种方法是在项目开始前明确定义；否则"变化"也无从谈起。另一种方法是评审，特别是对需求进行评审，这往往是项目成败的关键。需求评审的目的不仅是"确认"，更重要的是找出不正确的地方并进行修改，使其尽量接近用户"真实的"需求。另外，需求通过正式评审后将作为一个重要的基线，此后即开始对需求变更进行控制。

成功控制变更的关键是成立一个变更控制小组，在项目中限制预先定义事项的变更，采取措施对主要成果进行变动控制等。在变更控制程序中，首先要完成变更提案（CRF）；

其次考虑如何解决变更提案。一般需要考虑以下几个问题。

（1）变更的预期效益如何？

（2）变更的成本如何？

（3）项目变更进程后，对项目成本的影响如何？

（4）变更对软件质量的影响如何？

（5）变更对项目资源分配的影响如何？

（6）变更可能会影响到项目后续的哪些阶段？

（7）变更会不会导致出现不稳定的风险？

变更控制的目的是管理变化。变更控制对项目成败有重要的影响，事前要有明确的定义，事中要进行严格的执行。实施变更时有 4 个重要控制点：授权、审核、评估和确认。在实施过程中要进行跟踪和验证，确保变更被正确地执行。

下面是变更提案所包括内容的一个示例性大纲的内容。

（1）项目名称。

（2）变更提案请求者，提案日期。

（3）变更内容。

（4）变更分析者，分析日期。

（5）被变更影响的部分。

（6）与变更相关的其他部分。

（7）对变更的评估。

（8）变更的优先级。

（9）变更的实现。

（10）变更的预测成本。

（11）变更提交给配置管理委员会的日期。

（12）配置管理委员会决定，做出决定的日期。

（13）变更实现者，变更实现日期。

（14）提交给质量控制小组的日期。

（15）质量控制小组的决定。

（16）提交给项目经理的日期。

（17）项目经理的评价。

## 9.2.5　系统整合

系统整合是把系统的不同部分进行集成，使其完成一组特定的功能。系统整合可能包括对不同部分进行编译以及将不同过程组成一个可执行的系统。对于一个大系统来说，系统整合可能要花几天的时间，是配置管理中一个比较昂贵的过程。

在系统整合当中，必须考虑的问题有以下几个。

（1）是否所有组成系统的成分都包括在整合说明书中？

（2）是否所有组成系统的成分都有合适的版本？

（3）是否所有的数据文件都是可以获得的？

（4）在组成系统的所有成分中，是否有数据文件命名相同的？

（5）是否有合适版本的编辑器和其他工具？

从逻辑结构角度来看，系统整合的逻辑过程可以用图9-4来表示。

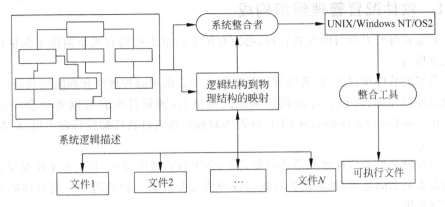

图 9-4 系统整合的逻辑过程

以上过程中，简单地描述了软件不同部分的静态联系，并且为软件维护提供了有价值的文档。映射系统把系统的逻辑结构和物理存储结构联系起来，并且规定了系统的整合约束和系统转换规则等。

## 9.2.6 状态报告

配置状态报告就是根据配置项操作数据库中的记录，来向管理者报告软件开发活动的进展情况。这样的报告应该是定期进行的，并尽量通过 CASE 工具自动生成，用数据库中的客观数据来真实地反映各配置项的情况。

配置状态报告应着重反映当前基线配置项的状态，以作为对开发进度报告的参照。同时也能从中根据开发人员对配置项的操作记录来分析开发团队及成员之间的工作关系。

配置状态报告应该包括下列主要内容。

（1）配置库结构和相关说明。

（2）开发起始基线的构成。

（3）当前基线位置及状态。

（4）各基线配置项集成、分布的情况。

（5）各私有开发分支类型的分布情况。

（6）关键元素的版本演进记录。

（7）其他应予报告的事项。

## 9.2.7 配置审计

配置审计的主要作用是作为变更控制的补充手段，确保某一变更需求已被切实地执行和实现。在某些情况下，配置审计被作为正式的技术审核的一部分，但当软件配置管理是一个正式的活动时，配置审计活动就应该由软件质量管理人员单独执行。

## 9.3    软件配置管理组织

### 9.3.1    软件配置管理组织构成

要实施软件开发项目的配置管理,必须有相关的组织机构和规章制度来保证配置活动的完全执行。

在典型的软件项目中,配置管理组织机构大多是由相应管理层和职能层共同组成的,一般包括项目经理、有权力管理软件基线的委员会,即软件配置控制委员会(Software Configuration Control Board,SCCB)、负责协调和实施项目软件配置管理小组、SCM 组和开发人员等。

项目经理是整个软件研发活动的负责人,在配置管理活动中,其主要工作是根据软件配置控制委员会的建议,批准配置管理的各项活动并控制它们的进程。其具体职责主要包括以下几项。

(1) 制订和修改项目的组织结构和配置管理策略。

(2) 批准、发布配置管理计划。

(3) 决定项目起始基线和开发里程碑。

(4) 接受并审阅配置控制委员会的报告。

软件配置控制委员会主要负责以下工作。

(1) 授权建立软件基线和标识配置项/配置单元。

(2) 代表项目经理和受到软件基线影响的所有小组的利益。在 IT 项目管理中,受影响的组包括质量保证组、配置管理组、工程组(包括硬件工程组、软件工程组)、系统测试组、合同管理组、文档支持组等。

(3) 审查和审定对软件基线的更改。

(4) 审定由软件基线数据库中生产的产品和报告。

软件配置管理小组负责协调和完成以下的工作。

(1) 创建和管理项目的软件基线库。

(2) 制订、维护和发布 SCM 计划、标准和规程。

(3) 标识置于配置管理下的软件工作产品集合。

(4) 管理软件基线库的使用。

(5) 更新软件基线。

(6) 生成基于软件基线产品。

(7) 记录 SCM 活动。

(8) 生成和发布 SCM 报告。

开发人员的职责就是根据组织内确定的软件配置管理计划和相关规定,按照软件配置管理工具的使用模型完成开发任务。

### 9.3.2    软件配置管理组织方针

除了有相应的组织机构来进行软件项目配置管理之外,还应该有相关的规章制度、方针来指导软件配置管理的工作。一般软件配置管理的规章制度、方针主要包括以下内容。

（1）明确地分配每个项目的 SCM 责任。

（2）在项目的整个生命周期中实施 SCM。

（3）SCM 为外部交付的软件产品、内部软件产品指定用于项目内部的支持工具,如编译器、调试器等,以便实施配置管理。

（4）软件项目中,需要建立和使用一个仓库(如数据库)用于存放配置项/配置单元和相关的 SCM 记录。将这个仓库的内容称为软件基线库。使用该仓库的工具和规程就是配置管理库系统。置于配置管理之下的并作为单独实体的工作产品就称为配置项。通常,配置项分为若干配置组件,配置组件分为若干配置单元。在一个软硬件系统中,可能把全部软件视为一个单独的配置项,也可能把软件部分分为多个配置项。实际上,配置项/配置单元是指置于配置管理之下的元素。

（5）定期审核软件基线和 SCM 活动。

# 9.4 配置管理工具

现在常用的配置管理工具,主要可以分为以下 3 个级别。

（1）版本控制工具,它是入门级的工具,如 CVS、VSS。

（2）项目级配置管理工具,适合管理中小型的项目,在版本管理的基础上增加变更控制、状态统计的功能,如 ClearCase、PVCS。

（3）企业级配置管理工具,在实现传统意义的配置管理的基础上又具有比较强的过程管理功能,如 AllFusion Harvest。

## 9.4.1 配置管理工具选择

选择什么样的配置管理工具,一直是大家关注的热点。确实,与其他的一些软件工程活动不同,配置管理工作更强调工具的支持;缺乏良好的配置管理工具,要做好配置管理工作是会非常困难的。

具体地说,在配置管理工具的选型上,可以综合考虑以下一些因素。

首先,考虑经费。市场上现有的商业配置管理工具大多价格不菲。到底是选用开放源代码的自由软件还是采购商业软件,如果采购商业软件,选择哪个档次的软件,这些问题的答案都取决于可以获得的经费量。一般地,如果经费充裕,采购商业软件的配置管理工具会让实施过程更顺利一些,其工作界面通常更简单和方便,与流行的集成开发环境相比通常也会有比较好的集成,实施过程中出现与工具相关的问题也可以找厂商解决。如果经费有限,可以采用自由软件,如 CVS 之类的工具。其实,无论在稳定性还是在功能方面,CVS 的口碑都非常好,很多组织成功地在 CVS 上完成配置管理的工作。

其次,如果准备选择商业配置管理工具,就应当重点考虑下面几个因素。

（1）工具的市场占有率。大家都选择的东西通常会是比较好的,而且市场占有率高也通常表明该企业经营状况会好一些。

（2）工具本身的特性,如稳定性、易用性、安全性、扩展能力等。在投资前应当对工具进行仔细的试用和评估。比较容易忽略的是工具的扩展能力，在几个、十几个人的团队中部署工具是合适的，但当规模扩大到几百人再依赖这个工具时，这个工具是否还能提供支持。

（3）厂商支持能力。工具使用过程中一定会出现一些问题，有些是因为使用不当引起的，但也有些是工具本身的毛病，这样就会影响到开发团队的工作进度。而如果厂商具备服务支持，那么就能随时找到厂商的专业技术人员帮助解决问题。

### 9.4.2　工具演变简介

#### 1. 第一代配置管理工具

20世纪70年代初期的软件配置管理工具并不能称为"工具"，因为那个时候大多数软件配置管理的工作只是用笔、纸或程序卡记录软件开发中的各种变更信息，直到1975年，Leon Presser才做出了业界第一个软件配置管理工具CCC，记录软件的历史和变化，提供最基本的版本控制功能。之后又出现了SCCS和RCS，SCCS是在UNIX平台上开发的，而且当时在此平台上免费发放和使用；RCS是美国一所大学研发的，并被迅速推广，演变至今成了著名的免费配置管理工具CVS。

所有的第一代配置管理工具都提供以下功能。

（1）文本文件的存档、管理功能，而且由于当时的计算机硬盘空间十分宝贵，所有工具都提供增量存储的功能。

（2）简单、有限的并发开发功能，通过复制的方式支持同时修改同一个文件。

（3）基本的命令行操作界面。

（4）这些功能基本能够满足20世纪70年代的开发模式和管理方式，而且为当时的软件开发提供了全新的管理手段，为确保软件开发的质量起到了很大的帮助。

第一代配置管理工具的缺陷如下。

（1）功能有限，仅仅提供版本控制的功能，无法为软件开发管理提供更有力的支持。

（2）不提供工作空间管理的功能，开发人员之间的工作必将相互干扰，基本无法支持团队开发。

（3）不提供对软件开发管理流程的支持，无法根据开发管理的需要设定相应的规则、规范。

#### 2. 第二代配置管理工具

随着软件开发的发展，第一代配置管理工具的弱点逐渐显露出来，在20世纪80年代初期，出现了第二代配置管理工具，在第一代配置管理工具的基础上做了不少增强。

（1）在一些工具中出现了简单的用户图形界面，操作上更加直观、方便。

（2）在并行开发的基础上，出现了并行开发的功能，并提出了"分支"的概念。

（3）出于团队协同开发的需要，提出了工作空间（Workspace）的概念，并在工具中得到了初步的支持。

（4）一些工具中直接提供构建（Build）的功能，方便开发人员直接调试、构建系统。

（5）工具中引入了过程控制的功能，能够根据软件开发管理制度设定一些简单的规范和规约。

　　"工作空间"概念的出现可以说是软件配置管理工具的一个飞跃,从这个时候开始,软件配置管理工具才真正能够支持团队开发。每个开发人员拥有相对独立的工作空间,在其中完成各自的开发工作,而且在提交到服务器上之前,每个人的修改只有自己可以看到,不会影响其他开发人员,这点对于协调整个软件开发工作,维护一个稳定、有序的开发环境至关重要。

　　当然,从理论到实践是需要时间的。20世纪80年代初期虽然提出了"工作空间"的概念,但是由于缺乏完整的系统描述和实现模型,在第二代配置管理工具中并没有得到完美的体现,整个管理依然比较混乱,而且在第二代配置管理工具中还存在以下弱点。

　　(1) 虽然提供了构建功能,但是并不完整,缺乏相应的构建管理(Build Management)功能,难以计划、实施构建活动。

　　(2) 由于"分支"的概念尚不完善,基于此概念实现的并行开发功能非常混乱。

　　(3) 过程控制功能还处于雏形阶段,无法实现与开发管理紧密结合。

　　随着软件开发的发展,上述弱点越来越难以满足开发管理的要求,必然导致第三代配置管理工具的出现。

### 3. 第三代配置管理工具

　　第三代配置管理工具出现于20世纪90年代初期。随着软件开发团队的规模不断增大,在团队开发管理方面对软件配置管理工具提出了更多的要求,而这正是第三代配置管理工具的调整重点。

　　(1) 充分拓展了并行开发的功能,分支更加灵活、方便,分支之间能够实现方便的合并。

　　(2) 更加完善的工作空间管理能力,能够满足团队开发的需求。

　　(3) 提供与集成开发环境(IDE)的无缝集成,开发人员在开发工具中可以直接完成检入、检出及比较常用的配置管理工具,方便其日常工作。

　　(4) 一些工具中已经能够提供全面的构建管理功能,自动记录每一次构建的状态和环境,日后可以随时方便重现。

　　(5) 具备变更管理的能力。

　　(6) 过程控制功能更加强大。

　　(7) 支持跨地域的团队开发。

　　"变更管理"的提出和引入可以说是软件配置管理工具的另一个大的飞跃,通过此功能,开发团队可以系统地管理跟踪软件开发过程中出现的各种变化,包括缺陷、功能增强等,而且团队中的每一位开发人员能够随时了解自己所需要负责实现的变更,大大减少了开发团队用于沟通、开会的时间,提高了工作效率。

　　这段时期,软件配置管理工具大规模发展,现在常见的一些工具,如 Visual SourceSafe、DSEE(ClearCase)、PVCS 等都是在这段时间出现或得到完善的。

### 4. 第四代配置管理工具

　　20世纪90年代是软件开发突飞猛进的时期,软件开发的模式发生了根本性的变化,出现了快速应用开发、集成开发环境等一系列新的概念和方式。同时,随着 Internet 的发展和普及,Web 开发也逐渐成为主流。而且,软件在计算机系统中所起的作用越来越大,不少行业应用中软件承担着关键业务系统的角色,人们必然对软件开发的安全、稳定性给予更多的关注,在这种状况面前,传统的软件配置管理工具显得有些力不从心。

从 20 世纪 90 年代中期开始,一些工具厂商开始调整自己的产品,以期适应新的软件开发模式。给工具增加新的功能并不难做到,但是传统的工具一般延续若干年甚至几十年前的设计和结构,想要迅速做出全面调整并不是一件容易的事情。比如,CVS 作为一种开发源代码的工具,世界各地的开发人员给 CVS 编写了大量的外围第三方程序,丰富了它的功能,但在系统架构上,CVS 仍然延续了 20 世纪 70 年代 RCS 模型,除了增加一个 root 目录之外几乎没有任何改变,这样在应用上必然会受到很多限制,比如,不能很好地支持文件重命名、分支功能有限、不能很好地支持跨地域开发等,使得其应用只能局限于小规模的开发环境。

第四代配置管理工具的代表是 20 世纪 90 年代中期出现的一批全新的工具,包括 StarTeam(后被 Borland 公司收购)、Perforce 等公司的产品。这些工具从体系架构到设计思想都完全基于当时最新的软件开发模式的需要,同时更加全面地考虑了系统的安全性及易用性。第四代配置管理工具与前三代配置管理工具相比,增加了下列功能。

(1) 支持"变更集"的概念,将单个文件的变更提升到系统、项目变更的层面。在实际开发过程中,除了需要了解单个文件的变化之外,更加关心的是整个项目的变化,比如,修改了一个缺陷或增加了新的功能,项目的一个变更中会涉及多个文件的多次变化,这就是变更集的概念。变更集的出现使变更与以前相比,具备更加丰富、更有意义的内涵。

(2) 支持瘦客户端架构,提供 Web 访问界面,使用者不需要安装客户端软件,通过浏览器就能够完成大多数配置管理相关的操作,更加简便。

(3) 提供内容管理(Content Management)的功能,支持 Web 页面和内容的开发管理。

(4) 对更多文件类型的支持,包括 Microsoft Word 文档、AutoCAD 制图、UML 模型等,不仅能够保存、管理这些文件的历史,还能够实现文件不同版本的比较、归并等功能。

(5) 完善了跨地域开发的支持模式,位于不同地点的开发团队通过自动或手动复制存储库的方式,了解对方的进展和变更,实现实时沟通。

(6) 工具的设计提出了"基于角色"(Role Based)和"工作流"(Workflow)的概念,更加贴近开发的实际情况,易于管理、部署和实施。

# 9.5 软件配置管理实践

## 1. 统一标识配置项并存入安全的配置管理系统

软件配置管理的第一步是要统一标识配置项,不能存在遗漏。在识别配置项时,常常有些死角不易发现,如数据库的构建脚本、软件工具自身或配置管理计划等,也应该作为配置项纳入配置管理系统的控制之下。

工具要具有强大的标识能力,能够对加入其中的配置项进行快速查询与识别。工具通常提供了多种手段来完成配置项的标识。

在标识出配置项之后,要将其存入安全的配置管理系统。在此,安全的含义是指系统要非常健壮,具备容错能力、可扩展能力,并且能满足分布式团队的需要。另外,为了提高系统的安全性,应该对系统进行备份,并有灾难恢复计划。

**2. 控制和审计配置项的变更**

将配置项存入软件配置管理系统后,需要控制什么人有权修改这些配置项,还要保存修改的相关信息:何人在何时做的修改及为何要做修改,称这些内容为"审计信息"。

控制通常通过安全机制来实现,审计通常由系统提供的日志式机制来完成。

组合运行控制与审计,可以在控制变更的策略中实现合理强度的控制力度。没有控制,则任何人都可以对系统做修改;如果没有审计,将没有办法获知哪些修改进入了系统,借助审计信息,即便对变更不加以限制,也可以获知什么人因为什么原因做了什么变更。审计信息帮助我们方便地进行事后追踪,对曾经引入的错误进行纠正。

因此,在项目的一定阶段采用相应的控制与审计监督方式,可以帮助团队找到适合自身特点的变更控制办法,从而提高生产效率,又不至于产生安全风险。例如,在项目的发布阶段,就建议采用严格的控制与审计,从而确保软件的质量趋于平稳。

**3. 合理组织配置项**

将配置项通过目录进行合理分组,有助于使整个系统更为清晰有序,这样组织的系统也会简化相应的管理和组织工作。例如,有序组织的系统通常相互之间的耦合程度也会较低,因而在权限设置上也会较为轻松。

将整个系统划分为由若干文件和目录构成的对象,可以对应于软件设计时的"包""模块""子系统"等概念,事实上,可以将其看作是这些逻辑概念的物理映射。

**4. 在项目的里程碑建立相应的基线**

当软件开发进展到特定的时间点,软件开发的成果满足一定的质量要求时,需要进行基线化操作,也就是标识组成系统的所有配置项的版本信息。具体何时需要进行基线操作,常常会在项目总体计划和迭代计划中明确说明,在 RUP 中,至少应该在每个迭代末尾创建基线。当进入迭代末期或版本发布时,基线的创建会更加频繁,有时甚至每天构建一个基线,如在每日构建时创建基线,这一工作通常由脚本自动完成。

创建基线使软件开发具备 3 个主要方面的能力,即具备再生能力(Reproducibility)、可追踪性(Traceability)和报告能力(Reporting)。再生能力是指能够"返回"到原先的某一时间重新构造软件系统的特定版本或再现曾经存在的开发环境,因为基线已经完成了对组成软件系统的每个配置项版本的标识。可追踪能力将需求、项目计划、测试用例及各种软件工件关联在一起。为了实现可追踪性,不仅需要对系统中的各种工件进行基线化,而且还要对项目管理工件进行基线化。报告能力使得能够查询工作版本之间的变化,并根据基线的质量属性说明某一工作版本的稳定性;也使得能够查询任一基线中的内容及比对不同基线的内容。基线的比较结果可以支持排错及辅助生成新版发布说明(Release Notes)。

良好的可追踪性、再生能力和报告能力对于软件开发是必需的,可以帮助团队修复已发布产品中的缺陷,从本质上来说是确保设计需求、代码实现设计,并且使用正确版本的代码构建可执行内容。这3个能力也是各种质量审核程序(如 ISO 9000 和 CMM)所要求的。

#### 5. 记录和跟踪变更请求

软件开发中变化是永恒的,变更的来源可以是从客户反馈得来的缺陷,测试团队发现的缺陷,相关人员提出的增强请求或新的创意。每个变更都应该加以记录和跟踪其解决过程,从而能获知变更的进展情形。

变更的统计信息能为项目管理团队提供有益的反馈信息,如当前项目的进展情况、质量水平如何等。

#### 6. 过程驱动的软件配置管理

单纯的文件层次上的版本控制显得过于琐细且容易出错。开发人员要负责将文件的相应版本组合到一起,以便始终保持文件之间的逻辑一致性,并进而形成一个更大的整体,即产品。

过程驱动的软件配置管理能够提升抽象的层次,将之前对文件的处理提升为对过程的处理。过程的元素是过程项,过程项的实例可以是一个变更请求、一个需求、一个软件开发任务,它就像一个"黏合剂",将配置管理和项目管理工作紧密结合到一起。

#### 7. 维护稳定而一致的工作空间

稳定而一致的工作空间对于开发人员来说是必需的,工具应该能够保证开发人员在周五离开机器休假,休假回来后打开时工作空间仍然是没有发生变化的。

稳定而一致的工作空间也要求开发人员能够主动控制在何时同步其他团队成员的工作成果,并且同步后的结果也是一致和稳定的;好的配置管理模型也要防止团队成员在交付变更时给软件的其他部分带来不利影响。

#### 8. 支持并行开发

好的配置管理模型要允许对同一个配置项同时进行变更。例如,在维护前一个发布版本的同时继续开发下一个发布版本,以及在开发时多人对同一个文件进行编辑等。

支持并行开发能提升团队的工作效率,并且可以避免由于缺少并行开发能力而可能出现的代码覆盖、工作阻碍的情形。

要支持并行开发,要求配置管理工具具有良好的合并能力,能合并不同团队成员间对同一个文件的修改,并解决可能出现的冲突。

采用并行开发时还要求配置管理模型在流程上保证合并后的结果仍然是一致和稳定的。下面介绍的持续集成实践就是比较有效的办法之一。另外,还要注意工作空间的隔离。

#### 9. 尽早和持续集成

尽早和持续集成是 XP(极限编程)的最佳实践之一,事实证明也是行之有效的,它可以在项目的前期就解决集成时有可能存在的风险,并使项目能始终以持续、稳定的速度前进。

### 10. 确保有能力重现软件的构建过程

如果没有能力重现特定的软件工作版本,将无法开展维护工作和支持那些已分发给客户的软件系统。

要确保有能力重现软件的构建过程,就要求仔细审视涉及软件构建的相关因素,这包括要标识出在每次构建时使用的是配置项的版本、构建的脚本、构建的操作系统平台等信息。采用一个支持构建的工具是非常有益的,它可以记录在构建过程中产生的这些信息。

### 11. 把握好工具、流程和人员三者之间的关系

成功的软件配置管理必须把握好工具、流程和人员三者之间的关系,它们之间是三位一体的。成功的软件配置管理的目标是允许尽可能的变更,同时维持对软件的有力控制。软件配置管理工具可以帮助自动化处理烦琐的、易出错的软件配置管理活动,确保项目支持软件配置管理最佳实践。缺少工具的支持去实施软件配置管理是不可想象的。

有了工具还不能解决问题,还要知道如何应用工具。如何应用工具就是"使用模型"或软件配置管理策略。软件配置管理策略是项目执行 SCM 工作的方法,尤其是如何应用 SCM 工具完成一组相关任务。

工具和流程需要人员来执行,这就要求执行人员具有相应的知识和技能,要做好人员的培训工作,培训既可以是系统培训也可以是专题培训。

### 12. 善用模式与反模式

技术开发人员都知道软件设计模式,同样,在软件配置管理领域,也存在模式,模式可以指导如何成功应用前人的实践,避免犯错误,提高 SCM 实施的成功率。

在应用模式时,要注意模式之间的相互关系。根据实际情形,同时应用多个模式,常常比采用单个模式能达到更好的效果。

除了模式外,还有反模式。反模式是指在特定情况下不应该采取的行事方式。

### 【思考题】

1. 什么是软件配置与软件配置项?
2. 如何确定配置标识?并解释什么是基线。
3. 什么是版本管理?并用图表示软件版本的演进过程。
4. 什么是软件项目变更?并简要说明如何控制。
5. 当前主流的配置管理软件分成哪几类?
6. 什么是软件配置管理?软件配置管理的基本活动包括哪些?

# 第10章

# 项目采购管理

项目采购管理包括从项目团队之外获取产品或服务的过程。从广义上讲,采购的可能是物品、服务或者有关产品的信息。项目采购管理包括规划采购管理、实施采购、控制采购和结束采购。

## 10.1　规划采购管理

规划采购管理是记录项目采购决策、明确采购方法、识别潜在卖方的过程。该过程主要确定是否需要外部支持,如果需要,则要确定需要采购什么、如何采购、采购量是多少以及何时采购。

### 10.1.1　规划采购管理的方法

#### 1. 自制或外购分析

这是一种通用的管理技术,用来确定某项工作应由项目组自行完成,还是从外部采购。预算制约因素可能影响自制或外购决策。若项目组虽然具备自制的能力,但由于一些资源正在被占用,为了推进项目的进度,而不得不从组织外部进行采购。

成本预算可能会限制自制或采购决策。因而,自制或外购分析应该将所有成本考虑进去,包括直接成本和间接成本。

在进行外购分析时,也要考虑采用哪种合同类型。买卖双方风险分摊比例、合同具体条款决定了采用的是哪种类型的合同。

#### 2. 市场调研

市场调研可考察行业能力和供应商实力。采购团队可通过研讨会等其他渠道获得信息,从而对市场有全面的了解。

#### 3. 交流会

交流会可筛选出潜在投标人以及制订采购决策所需的一些信息。通过与潜在投标人合作,使供应商可以开发出互惠的产品,从而有益于服务的买方。

## 10.1.2　规划采购管理的结果

### 1. 采购管理计划

需要以项目管理计划、需求文件、活动资源需求、项目进度计划、活动成本估算、干系人登记册等信息为基础,制订采购管理计划。该计划是项目管理计划的组成部分,需要指出项目组如何从组织外部获取服务,以及从采购文件编制到合同收尾的各个采购过程。采购管理计划包括下列内容。

(1) 合同类型。

(2) 风险管理事宜。

(3) 是否需要编制独立估算,以及是否应将独立估算作为评价标准。

(4) 若采购执行组未采购、发包,则项目组可以单独采取行动。

(5) 符合标准的采购文件。

(6) 多个供应商的管理问题。

(7) 采购工作与项目其他工作的协调,进度计划与报告绩效的制订。

(8) 影响采购工作的因素和假设条件。

(9) 某些采购需要预留较长时间处理,这点应体现在进度计划中。

(10) 自制或外购决策的制订,将其与活动资源估算和进度计划的制订联系起来。

(11) 在合同中规定合同可交付成果的进度日期,同时要与进度计划和控制工程协调起来。

(12) 为降低项目风险,识别出有关履约担保或保险合同的需求。

(13) 知道供应方编制、维护工作分解结构(WBS)。

(14) 确定采购/合同工作说明书的形式和格式。

(15) 确定合同管理和卖方评价的度量指标。

(16) 识别出是否存在预审合格的卖方。

### 2. 采购工作说明书

按照项目范围定义的边界,为每次采购编制工作说明书(Statement of Work,SoW),对将要包含在相关合同中的那部分项目范围进行定义。

采购 SoW 应该详细描述欲采购的产品或服务,从而使潜在卖方确定其是否有能力提供符合规格的这些产品或服务。

采购 SoW 应力求清晰、完整和简练,并且任何必要的附加服务,如绩效报告等,应在 SoW 中加以说明。每次采购对应一个采购工作说明书。可以把多个产品或服务组合成一个采购包,并由一个工作说明书覆盖。在采购过程中,还应根据需要不断对采购 SoW 进行修订和改进,直至成为所签协议的一部分。

### 3. 采购文件

采购文件是征求潜在卖方的建议书。若主要根据价格来选择卖方,通常使用"标书"

"投标"或"报价"等术语。若主要根据其他方面的考虑(如技术能力或技术方法)来选择卖方,通常使用如"建议书"的术语。

买方拟定的采购文件不仅应便于潜在卖方做出准确、完整的答复,还要便于对卖方应答进行评估。

**4. 供方选择标准**

为了对卖方建议书进行评级,需要提供供方选择标准。如果产品或服务由许多合格卖方提供,则选择标准仅为购买价格。而对于较复杂的产品或服务,则还需要确定和记录其他选择标准。可能的供方选择标准如下。

(1) 卖方对需求的理解。卖方建议书如何对采购工作说明书响应。

(2) 采购总成本。若选择某个卖方,能否使总成本(采购成本加运营成本)最低。

(3) 卖方的技术能力。卖方是否拥有或能合理获得所需的技能与知识。

(4) 潜在风险及分担。工作说明书中包含多少风险,卖方将承担多少风险。

(5) 卖方的管理方法。卖方能否合理开发出相关的管理流程和程序,从而保证项目成功。

(6) 卖方的技术方案。卖方建议的技术方法、解决方案和服务是否满足采购文件的要求。

(7) 卖方的担保。卖方承诺在多长时间内为最终产品提供担保,提供何种担保。

(8) 卖方的财务实力。卖方能否合理获得所需的财务资源。

(9) 卖方的生产能力和兴趣。卖方是否有兴趣和能力来满足潜在的未来需求。

(10) 卖方的企业规模和类型。卖方以往的业绩和卖方过去的经验。

(11) 卖方的证明文件。卖方能否出具原有客户的证明文件,以证明其工作经验和履行合同情况。

(12) 卖方的知识产权。对其将使用的工作流程或服务,或将生产的产品,卖方是否已声明拥有知识产权。

(13) 所有权。对其将使用的工作流程或服务,或将生产的产品,卖方是否已声明拥有所有权。

**5. 自制或外购决策**

通过自制或外购分析,确定某项特定工作是由项目组自己完成还是需要外购。若决策是前者,则需要在采购计划中规定组织内部的流程和协议;若为后者,则应在采购计划中规定与买方所需的产品或服务供应商签订协议的流程。

采购规划管理对买方的采购计划进行制订和管理,从而可提供及时、准确的采购计划和执行路线。通过对多个对象编制、分解采购计划,将采购需求转变成直接的采购任务,保证产品和服务按期、按品质交付并防止贪污浪费。

# 10.2 实施采购

采购实施是获取卖方应答、选择卖方并授予合同的过程。该过程主要通过双方达成协议,使内部和外部干系人的期望协调一致。

## 10.2.1 采购实施过程

项目采购包括以下过程,这些过程中有些可能相互重叠。

(1)采购计划编制。包括确定采购产品需求、自制或外购决策、合同类型、编制采购管理计划和采购工作说明书等。

(2)招标计划编制。包括编写并发布采购文件、制订招标评审标准。

(3)招标。包括发布采购广告、召开投标会议、获得标书或建议书。

(4)选择承包商或供应商。

(5)合同管理。包括监督合同的履行、支付及合同的修改等。

(6)合同收尾。包括产品检验、结束合同、文件归档等。

## 10.2.2 招标与投标

大型软件项目通常采用招标与投标方式来确定开发方或软硬件提供商。招标是指招标人按照国家有关规定履行项目审批手续、落实资金来源后,依法发布招标公告或投标邀请书,编制并发售招标文件等具体环节。根据项目实际情况和需要,有些招标项目还要委托招标代理机构进行招标。此环节确定招标项目条件、投标人资格条件、评标标准和方法、合同主要条款等各项实质性条件和要求。投标是指投标人根据招标文件要求,编制并提交投标文件,响应招标活动。

招标、投标的主要过程有以下几项内容。

(1)编写招标书。招标人或者招标代理机构根据招标项目的要求编制招标文件。招标文件一般应当载明下列事项:招标公告(邀请函)、投标人须知;招标项目的技术要求及附件;投标价格的要求及其计算方式;评标的标准和方法;竣工或提供服务的时间;投标人应当提供的有关资格和资信证明文件;投标保证文件;投标文件的编制要求;提供投标文件的方式、地点和截止日期;开标、评标、定标的日程安排;合同格式及主要合同条款。

(2)招标信息公开。通过国家指定的报刊、信息网络或者其他媒介发布项目的招标公告,往往可以扩充现有的潜在卖方名单。

(3)投标。投标人按照招标文件的规定编制投标文件。投标文件应当载明下列事项:投标函;投标人资格、资信证明文件;投标项目方案及说明;投标价格;投标保证金或者其他形式的担保;招标文件要求具备的其他内容。

(4)投标书/建议书评价。按照技术、管理方法、历史业绩和价格这4个方面对各个投标人的投标书/建议书进行评分,见表10-1。为这4个标准分配一定的权重,按照每个投标书/建议书的4项分值加权求出总分,再根据每个投标书/建议书4项的等级,得出该投标书/建议书的等级。

表 10-1 投标书/建议书评价示例

| 标书 条目 标准 | 权重 | 投标书/建议书 1 | | 投标书/建议书 2 | | 投标书/建议书 3 | |
|---|---|---|---|---|---|---|---|
| | | 分级 | 评分 | 分级 | 评分 | 分级 | 评分 |
| 技术 | 30 | | | | | | |
| 管理方法 | 15 | | | | | | |
| 历史业绩 | 20 | | | | | | |
| 价格 | 35 | | | | | | |
| 总分数 | 100 | | | | | | |

（5）采购谈判。采购谈判是指作为买方，企业为采购商品与卖方对购销业务有关事项进行反复磋商，谋求一致意见，建立双方都满意的购销关系，进而签署合同。谈判的内容应包括商品的品种、规格、技术标准、质量保证、订购数量、包装要求、售后服务、价格、交货日期与地点、运输方式、付款条件等。

## 10.2.3 合同管理

合同管理就是对合同签订、生效开始，直至合同失效为止整个过程的管理。不仅要重视合同签订前的管理，更要重视合同签订后的管理。但凡涉及合同条款内容的各部门都要一起来管理。注重合同履约全过程的动态变化，特别要关注对自己不利的变化，及时对合同进行修改、变更、补充或中止和终止。

根据投标书/建议书的评价结果，确定符合条件的、有竞争力的卖方，一旦卖方选定，就应该签订采购合同。

采购合同中包括条款和条件，也可包括其他条目，如买方就卖方应实施的工作或应交付的产品所做的规定。签订软件项目采购合同时应注意以下几点。

（1）规定项目实施的有效范围。经验表明，软件项目合同范围定义不当而导致管理失控是项目成本超支、时间延迟及质量低劣的主要原因。定义模糊、不清晰的项目范围可能会造成项目的频繁变更，很难保证项目能按期、顺利完成。

（2）合同的付款方式。对于软件项目的合同而言，很少有一次性付清合同款的做法，一般都是根据实际情况分期付款。为保证买卖双方的利益，签订合同时在付款条件上规定尽量详细、清楚。

（3）合同变更索赔带来的风险。由于软件设计与开发过程中存在着很多不确定因素，合同执行过程中必然会产生变更和索赔问题。而变更和索赔的处理会花费很长时间，势必会导致整个项目的中止。对于成本和时间概念强的软件提供商，索赔是维护其利益的有力武器。

（4）系统验收。不论阶段验收还是最终验收，都是客户与产品、服务提供者履行权利和义务，标志着某项工作的结束。产品、服务一经客户认可，便不再有返工之说，只有索赔或变更之理。因而客户必须高度重视系统验收这一阶段。

（5）维护期问题。产品、服务最终验收通过之后，一般都有一个较长的系统维护期，这期间客户通常保留着 5%～10% 的合同费用,用于规定产品、服务提供商在维护期应承担的义务,而这一点应体现在开发合同中。

## 10.3 控制采购

为保障买卖双方按要求履行合同,满足采购要求,需要管理采购关系、监督合同执行,根据实际情况进行变更并采取措施进行纠正,这个过程就是控制采购。

一般来说,主要有以下两种控制采购的方法。

**1. 采购绩效审查**

采购绩效审查目的在于考察履约情况,依据合同审查卖方在规定成本和进度计划内完成项目范围和达到质量要求的情况。

**2. 索赔管理**

若买卖双方不能就变更补偿达成一致意见,甚至对是否产生变更存在分歧,那么被请求的变更便有争议。在整个合同生命周期中,应该按合同规定对索赔进行记录、处理、监督和管理。谈判是解决所有索赔和争议的首选方法。

## 10.4 结束采购

结束采购是完结单次项目采购的过程。该过程目标在于把合同和相关文件归档以备将来作参考,项目资料也是项目交接、维护和后评价的重要原始凭证。

采购结束管理的主要工作是需要确认全部工作和可交付成果均可验收,进行采购审计。采购审计是指对从采购管理规划过程到采购控制过程的所有采购过程进行结构化审查,从而找出合同准备或管理方面的成功经验与失败教训,供本项目其他采购合同或执行组织内其他同类项目的采购合同借鉴。采购结束后,未决争议可能需要进入诉讼程序。合同条款和条件可以规定结束采购的具体程序。

采购结束过程还包括一些行政工作,如处理未决索赔、更新记录以反映最后结果以及把信息存档等。

合同提前终止也会结束采购。合同可由双方协商一致而提前终止,或因一方违约而提前终止,或者为买方的便利而提前终止(若合同中有此规定)。合同终止条款规定了双方对提前终止合同的权利和义务。

### 【思考题】

1. 软件项目采购管理主要包括哪些方面?
2. 招标书主要包含哪些内容?
3. 软件项目合同收尾阶段的管理方法主要有哪些?

# 第11章

# 项目集成管理

作为一个有机的整体,软件项目是一个复杂的系统工程。软件过程各活动之间彼此联系,相互作用,相互影响。这就要求必须充分、有效地开展软件项目的集成管理工作,通过项目集成管理对项目各方面的目标进行协调,并对项目各项活动进行综合性的管理和控制。因而项目集成管理就显得尤为重要。

例如,在项目的定义阶段,要综合考虑项目的成本、工期、范围和风险等管理知识域中的相关过程;在项目实施阶段的主要任务是对项目变更的总体控制等,都要整合软件过程的某个或某几个过程。作为项目经理,集成管理有助于了解项目集成计划的构成要素,理解项目涉及各个知识域之间的关系,协调制订软件项目的集成管理计划,保证计划的正确执行,当项目不可避免地产生变更时,组织实施变更控制。

软件项目集成管理贯穿整个软件项目生命周期的各个阶段,它整合所有管理过程,包括项目启动阶段章程的制订、项目管理规划的确定、项目的控制和执行、项目变更管理以及收尾阶段项目管理过程来引导项目走向成功。

## 11.1 项目集成管理的概念及意义

### 1. 项目集成管理的概念

项目集成管理是指利用系统的方法、模型、工具,全面考虑软件项目从启动到结束整个过程中各个参与方之间的动态关系,对项目相关资源进行整合,以达到项目预期目标的管理模式。

### 2. 项目集成管理的意义

项目集成管理是以软件项目的整体利益最大化为目标,对项目的进度、成本和质量等要素进行协同和优化的综合性管理活动。项目集成管理是软件项目各项工作相互配合开展综合性和全局性的管理工作和过程。

### 3. 项目集成管理的作用

项目集成管理确保项目各要素协调运作,对冲突的目标进行权衡折中,最大限度满足利益相关方的需求和期望。涉及的项目管理过程有：①项目计划制订，将其他计划过程的结果汇编成一个统一的计划文件；②项目计划执行，通过完成项目管理各领域的活动来执行计划；③总体变更控制，控制项目整个过程中发生的变更。

项目集成管理的集成性体现在：①不同知识领域的活动相互关联和集成；②项目工作和组织的日常工作相互关联和集成；③项目管理活动和项目具体活动（如与产品、技术相关的活动）相互关联和集成。

# 11.2　制订项目章程

项目章程是项目启动阶段正式批准的项目文件。从某种意义上说，项目章程实际上就是有关项目的要求和项目实施者的责任、权利和利益的规定。

**1. 制订项目章程的依据**

软件项目章程的制订需要依据项目工作说明、商业论证、签订的合同及其他信息（政府或行业标准、组织文化、约束条件、历史项目信息与经验教训等）。

**2. 项目章程**

项目章程多数由项目发起人制订和发布，它给出了关于批准项目和指导项目工作的主要要求，因此它是指导项目实施和管理工作的根本准则。

项目章程规定了项目经理的权限及其可使用的资源，一般来说，项目经理应该在项目章程发布的时候就确定下来，以便他们能更好地参与确定项目的计划和目标。项目章程记录业务需要、对客户需求的理解以及需交付的产品或服务。比如，项目目的或获批原因；可测量的项目目标和相关标准；项目的总体要求；项目概括性描述和范围；项目主要风险；项目进度计划。

项目章程的作用：正式宣布项目的存在，对项目的开始实施赋予合法地位；粗略地规定项目的范围，这也是项目范围管理后续工作的重要依据；正式任命项目经理，授权其使用组织的资源开展项目活动。

# 11.3　制订项目管理计划

**1. 项目子管理计划**

制订项目管理计划是对定义、编制、整合和协调所有子计划所必需的活动进行记录的过程。项目管理计划载明了项目将如何执行、监督和控制，它合并与整合了其他子管理计划和项目基准。软件项目子管理计划的主要内容如表 11-1 所示。

**2. 项目基准**

项目基准就是一份经过确认、批准的项目管理计划。作为项目绩效考核的基线，用以考核项目执行情况的好坏，确定实际绩效是否在可接受的范围之内。若项目执行过程中，提出变更请求并经过实施整体变更控制过程批准后，项目管理计划会被更新，更新后的项目管理将成为新的基准。项目基准主要包括范围基准、进度基准和成本基准。

表 11-1　软件项目子管理计划的主要内容

| 需求管理 | 质量管理 |
|---|---|
| 范围管理 | 干系人管理 |
| 进度管理 | 沟通管理 |
| 成本管理 | 风险管理 |
| 人力资源管理 | 采购管理 |

## 11.4　项目执行指导与管理

为实现项目目标而领导和执行项目管理计划中所确定的工作,并实施已批准变更的过程,需要进行项目执行指导与管理。

项目执行指导与管理的主要工作:开展活动从而实现项目目标;创造可交付成果,完成项目计划的工作;合理配备项目团队成员,对之进行培训和管理;获取、管理和使用资源,包括材料、工具、设备与设施;按计划的方法和标准执行活动;建立项目团队,并对其进行有效的沟通管理;根据已有信息生成工作绩效数据,如成本、进度、技术和质量进展情况以及状态数据等,为预测提供基础;根据实际情况提交变更请求,审查变更的影响,并根据项目范围、计划和环境来实施批准的变更;管理风险并对已有的风险采取相应的应对措施;管理卖方与供应商;管理项目干系人;记录经验教训,实施已批准的过程改进活动。

## 11.5　项目工作监控

项目工作监控主要跟踪、审查和报告项目进展,以实现项目管理计划中确定的绩效目标的过程。监控工作贯穿于整个项目管理过程,涉及收集、测量和发布绩效信息,分析测量结果和预测趋势等活动,以便推动过程改进。

项目工作监控的主要工作:监督项目进展,将项目实际绩效与项目管理计划进行比较;评估项目绩效,根据评估结果决定是否需要采取纠正或预防措施;跟踪、检测、分析存在的风险,并判断是否有新风险;监控已批准变更的实施情况;在整个项目生命周期中,维护一个信息库,该信息库应准确且及时更新,以便能反映项目的实施情况;提供信息以便做出状态报告、进展测量和预测;预测当前项目的成本与进度信息;若该项目是某个项目集的一部分,则应向项目集管理层报告项目进展和状态。

为了监控项目的执行情况,需要建立正式的汇报机制,并确定工作汇报的形式,如发布内部工作周报。

## 11.6　项目整体变更控制

项目整体变更控制是指在项目生命周期的整个过程中对变更进行识别、评价和管理,并对变更处理结果进行沟通的过程。其主要目标:对影响变更的因素进行分析、引导和控制,使其朝着有利于项目的方向发展;确定变更是否真的已经发生或不久就会发生;

当变更发生时,可进行有效的控制和管理。该过程审查所有针对项目文件、可交付成果、基准或项目管理计划的变更请求,并批准或否决这些变更。

变更请求可由项目的任何干系人提出。虽然可以口头提出,但所有变更请求都必须以书面形式做记录,并由变更控制系统过程进行处理。变更控制委员会负责审查、评价、批准、推迟或否决项目变更。项目整体变更控制过程如图11-1所示。

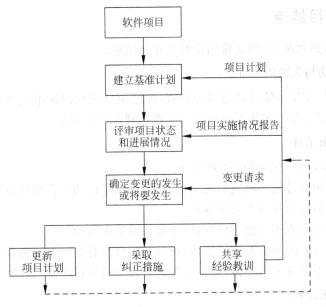

图 11-1 项目整体变更控制过程

### 1. 项目计划

项目计划包括项目整体计划和项目单项计划。项目整体计划是项目变更整体控制的基准,而项目单项计划则对项目各部分的控制提出了详细的要求。若项目的实际进展情况与项目计划不一致,尤其是偏差超过了允许的程度,就应当考虑是否需要修改项目计划书,提出变更请求。

### 2. 项目实施情况报告

项目实施情况报告载明了项目的实际进展情况,是项目管理者进行项目变更的基本依据。项目实施情况报告应严格按照项目的实际施工情况做记录,它包括项目工期进度情况、项目耗费情况报告和项目关键点实施情况等。它不仅说明了项目当前的进度,也为项目管理者未来的项目建设提供参考。

### 3. 变更请求

变更请求可以是各种形式的,如口头的、书面的、直接的、间接的、来自项目外部或内部的,也可以是法律要求的或由项目参与各方提出的。除特殊情况外,口头变更必须形成书面文件,它是一种项目变更审批表。

## 11.7　项目收尾管理

收尾过程是项目干系人和客户对最终产品、服务进行验收,使项目有序地结束,为开展新工作而释放占用资源的过程。

### 11.7.1　项目结束

项目结束有两种情况,即正常结束和非正常结束。

**1. 项目成功与失败的标准**

项目结束时,结果可能成功也可能失败,评定项目成败的标准主要有 3 个,即是否有可交付的合格成果、是否实现了目标以及是否达到客户的期望。

**2. 项目结束条件**

出现下列情况之一时,可以结束项目。

(1) 实现了项目计划中确定的可交付成果,或已经成功实现项目目标。

(2) 各种原因导致项目无限期拖长。

(3) 项目环境发生了变化,对项目的未来造成负面影响。

(4) 项目所有者的战略发生了变化,项目与项目所有者组织不再有战略的一致性。

(5) 项目已不具备实用价值,很难与其他更领先的项目竞争,难以生存。

**3. 项目结束过程**

(1) 范围确认。项目接收前,重新审核工作成果,确认项目的各项工作范围是否完成,或者完成到何种程度。确认工作完成后,参与确认工作的项目班子与接收人员应在事先准备好的文件上签字,表示接收方已正式认可并验收全部或阶段性成果或产品。

(2) 质量验收。为控制项目产品的质量,按照质量计划和相关的质量标准进行验收,不合格不予接收。

(3) 费用决算。它是指核算项目开始到项目结束全过程所支付的全部费用,编制项目决算表的过程。主要依据合同进行项目决算,将决算的结果形成项目决算书,由项目各参与方共同签字后作为项目验收的核心文件。

(4) 合同终结。它是指完成和终结一个项目或项目阶段的各种合同工作,包括项目的各种商品采购和劳务承包合同。同时还应包括相关项目遗留问题的解决方案和决策工作,并整理、存档各种合同文件。

(5) 项目资料检查和归档。确定项目检查过程中所有文件是否齐全,然后进行归档。项目资料是项目竣工验收和质量保证的基础,也是项目交接、维护和后评价的原始凭证。

(6) 项目后评价。它是指对已完成的项目目的、执行过程、效益、作用和影响所进行的系统、客观的分析,通过分析评价找出成功或失败的原因,总结经验教训,为新项目的决策和提高完善投资决策管理水平作参考。

## 11.7.2　项目验收

在项目正式移交之前,客户要对已经完成的工作成果和项目活动进行审核,即项目验收。项目验收是检查项目是否符合合同规定各项要求的重要环节,也是保证产品质量的最后关口。

软件项目验收主要有 4 个方面的含义:开发方是否按合同要求完成了必需的工作内容;开发方是否按合同中的质量等条款要求进行了自检;项目的进度、质量、工期、费用是否均满足合同的要求;客户方是否按合同的有关条款对开发方交付的软件产品和服务进行确认。

项目验收主要包括项目质量验收和项目文件验收。

### 1. 项目质量验收

项目质量验收主要检验可交付成果是否达到既定的目标、满足客户需求。合同可作为质量验收的重要依据,也可参照行业标准等进行验收。软件项目质量验收的主要方法有测试和评审,以核验软件项目是否按规定完成,需要对交付的设备和软件产品等进行测试和评审。

### 2. 项目文件验收

项目资料是项目验收和质量保证的重要依据。项目资料十分宝贵,它既为项目的维护和改正提供依据,又可以为后续项目提供参考和借鉴。

项目文件验收的主要程序如图 11-2 所示。首先,项目资料交验方按合同条款有关资料验收的范围及清单进行自检和预验收;其次,项目资料验收的组织方按合同资料清单或国际、国家标准的要求分项一一进行验收、立卷、归档;再次,对验收未通过或者有缺陷的,通知相关单位采取补救措施;最后,交接双方对项目资料验收报告进行确认和签字。

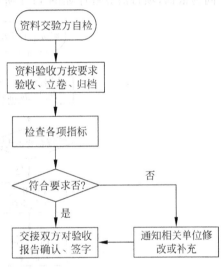

图 11-2　项目文件验收的主要流程

## 11.7.3　项目移交或清算

在项目收尾阶段,若达到预期的目标,就要进行正常的项目验收、移交过程;否则,项目已不可能或没有必要进行下去而提前终止,这种情况下的项目收尾就是清算。

### 1. 项目移交

项目移交是指项目收尾后,将全部的产品、服务交付给客户。对于软件项目,移交意味着软件系统正式运行,今后软件系统的全部管理和日常维护工作将移交给用户。

软件项目需移交的各成果有配置好的系统环境;软件产品;项目成果规格说明书;系统使用手册;项目的功能、性能技术规范;测试报告。

软件项目移交的具体工作如图 11-3 所示。采用包括 α 测试、β 测试等各类测试方法对交付成果进行测试;按合同规定的各项指标检查,验证并确认项目交付成果满足客户需求。对客户进行培训,使客户了解、掌握项目结果;安排后续维护及其他服务,为客户提供技术支持服务;签字移交项目。

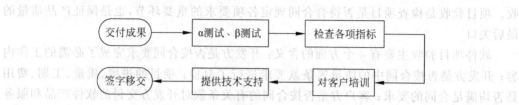

图 11-3  软件项目移交的具体工作

### 2. 项目清算

对无法成功结束的项目,应根据情况尽快终止项目进行清算。项目清算仍然要以合同为依据,项目清算程序如图 11-4 所示。

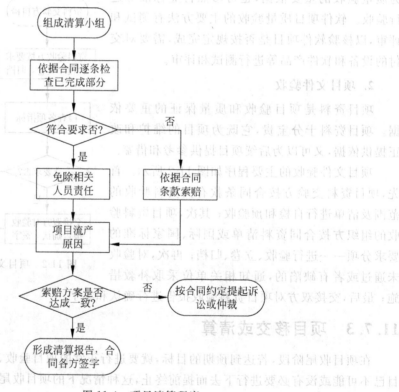

图 11-4  项目清算程序

## 11.7.4  项目后评价

项目后评价是指在项目已经完成并运行至某个阶段后,对项目的目的、执行过程、效益、作用和影响进行系统、客观的分析和总结。

**1. 项目后评价的意义**

查找项目成败的原因,总结经验教训,以此为鉴提高未来新项目的管理水平和投资效益等。

**2. 项目后评价的方法**

(1) 影响评价法。项目建成后,测量并考察在各阶段所产生的影响和效果,以判断决策目标是否正确。

(2) 效益评价法。把项目的实际效果或项目的产出,与项目的计划成本或项目投入相比较,进行利润分析。

(3) 过程评价法。把项目从立项决策、设计、采购直至实施各程序的实际进程与原定计划、目标相比较,分析结果好坏的原因。

(4) 系统评价法。将上面 3 种方法有机地结合起来,进行综合评价,可以取得较客观、最佳的效果。

**3. 项目后评价的基本内容**

(1) 项目的技术经济。项目的技术经济后评价主要对项目设计方案、技术的稳定性、适用性、配套性、先进性、合理性进行再分析。项目的财务后评价在内容上类似于前评估中的经济分析,都要进行利润分析、清偿能力分析等。

(2) 项目的社会效益。分析项目对企业的价值,以及对社会政策贯彻的效用,研究项目与社会的契合度,防止社会风险。一般从以下几个角度进行分析。

① 项目的文化可接受性与技术可接受性。

② 企业各类人员对项目的态度、要求,可能的参与水平等。

③ 分析项目与社会的契合度,存在的社会问题,研究项目能否持续实施,并持续发挥效益。

(3) 项目数据总结。对项目的数据进行总结,作为今后对新项目进行估算和管理的依据。资料数据包括项目中各任务进度、规模和工作量数据,资源分配利用情况,软件变更信息等。

(4) 项目问题总结。重新思考项目实施过程中出现的问题,重新评估项目管理流程的有效性,确定问题产生的原因,总结项目中关键的成功因素,并把分析结果反馈给高层决策者。

**4. 项目后评价的程序**

项目后评价的实施过程如图 11-5 所示。

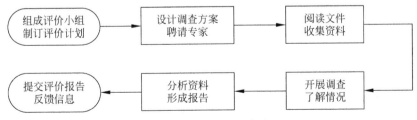

图 11-5　项目后评价的实施过程

## 【思考题】

1. 试述项目收尾工作的重要性。
2. 简述项目验收工作的主要内容。
3. 何谓项目清算？
4. 何谓项目后评价？主要有几类项目后评价方法？项目后评价的基本内容是什么？如何实施项目后评价？
5. 什么是项目交接？简述项目交接与项目清算之间的关系。

# 第12章

## 实 训

Microsoft Visio 是一款便于 IT 和商务专业人员就复杂信息、系统和流程进行可视化处理、分析和交流的软件。使用具有专业外观的 Office Visio 图表,可以促进对系统和流程的了解,深入了解复杂信息并利用这些知识做出更好的业务决策。

Microsoft Project(或 MSP)是由微软开发销售的项目管理软件程序。软件设计目的在于协助项目经理发展计划、为任务分配资源、跟踪进度、管理预算和分析工作量。

无论是 Visio 还是 Project,这两款软件都是将强大的功能与简单的操作完美结合,可广泛应用于众多领域。以逻辑清晰、样式丰富的特点,使人们深入了解复杂信息并利用这些知识做出更好的业务决策。本章主要以案例的形式由浅入深地分别介绍 Microsoft Visio 2013 和 Microsoft Project 2013 软件的使用与操作方法。

## 12.1 Visio 实训

### 12.1.1 Visio 基础

Visio 是一款软件,最初属于 Visio 公司,该公司成立于 1990 年 9 月,起初名为 Axon。2000 年 1 月 7 日,微软公司以 15 亿美元股票收购 Visio。此后 Visio 并入 Microsoft Office 一起发行,随 Office 软件版本升级一并更新,发布了 Visio XP、Visio 2003、Visio 2007、Visio 2010、Visio 2013。Visio 是一款便于 IT 人员和商务专业人员就复杂信息、系统和流程进行可视化处理、分析和交流的软件。使用 Visio 可以替代传统的尺规作图工作,绘制各种流程图或结构图。

Visio 2013 的新功能主要体现在以下几个方面。

1) 更新图表模板

Visio 2013 中多个图表模板已得到更新和改进,包括"日程表""基本网络图""详细网络图"和"基本形状"。许多模板具有新的形状和设计。

2) 组织结构图

组织结构图模板的新形状和样式专门针对组织结构图而设计。此外,可以更加轻松地将图片添加到所有雇员形状标,如图 12-1 所示。

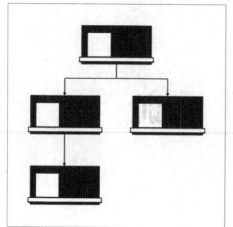

图 12-1 组织结构图向导(1)

3）UML 模板和数据库模板

UML 模板和数据库模板更易于使用,并且更加灵活。它们现在与大多数其他模板使用相同的拖放功能,无须事先设置解决方案配置。

4）用于缩减绘图时间的样式、主题和工具

使用 Office 艺术字形状效果设置形状格式,现在 Visio 提供可在其他 Office 应用程序中使用的许多格式选项(见图 12-2),并可将其应用到图表中。向形状应用渐变、阴影、三维效果、旋转等。

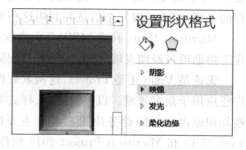

图 12-2 设置形状格式

5）向形状添加快速样式

快速样式可以控制单个形状的显示效果,以便可以突出显示它。选择一个形状,然后在“开始”选项卡上,使用“形状样式”组中的“快速样式”库。每种样式都具有颜色、阴影、反射及其他效果。

6）为主题添加变体

除了为图表添加颜色、字体和效果的新主题外,Visio 的每个主题还具有变体。选择变体以将其应用于整个页面,如图 12-3 所示。

7）新增的协作和共同创作功能

作为一支团队共同创作图表,多人可以同时处理单个图表,方法是将其上载到 SharePoint 或 SkyDrive。每个人都可以实时查看正在编辑的形状。每次保存文档时,你的更改将保存回服务器中,其他人的已保存更改将显示在你的图表中。

8）在按线索组织的会话中对图表进行批注

新增的批注窗格更便于添加、阅读、回复和跟踪审阅者的批注,可轻松地在批注线程中编写和跟踪回复,也可以通过单击图表上的批注提示框来阅读或参与批注。

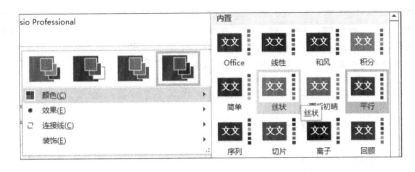

图 12-3　主题变体

## 12.1.2　Visio 2013 工作窗口简介

启动 Visio 后,屏幕出现一个 Visio 2013 工用窗口,然后出现选择模板界面,根据需要选择系统提供的相应模板,如图 12-4 所示。

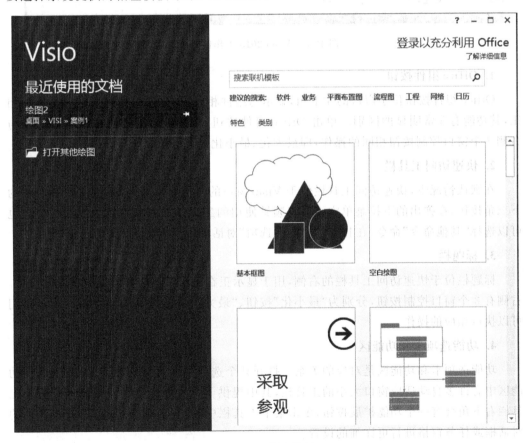

图 12-4　图表模板

在选择相应的模板后,就可以新建一个绘图页面。在这个页面中可以将窗口左侧的形状拖入右侧绘图编辑区,进而完成各类图形的绘制工作,如图 12-5 所示。

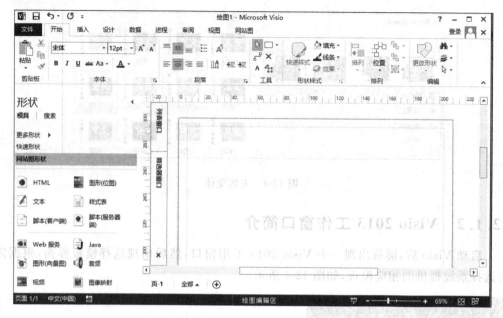

图 12-5　Visio 2013 工作窗口

**1. Office 组件按钮**

Office 组件按钮位于窗口的左上角,显示与组件相对应的图标,与旧版本的 Office 相比,其功能有非常明显的区别。单击 Office 组件按钮,在弹出的下拉菜单中可以执行与右侧 3 个窗口控制按钮相同的操作,即最大化、最小化、还原、关闭等操作。

**2. 快速访问工具栏**

在默认情况下,快速访问工具栏位于 Visio 窗口的顶部,单击快速访问工具栏右侧的下三角按钮,在弹出的下拉菜单中可以将频繁使用的工具添加到快速访问工具栏中。也可以选择“其他命令”命令,在打开的“Visio 选项”对话框中自定义快速访问工具栏。

**3. 标题栏**

标题栏位于快速访问工具栏的右侧,用于显示正在操作的文档和程序的名称等信息。右侧有 3 个窗口控制按钮,分别为“最小化”按钮、“最大化”按钮和“关闭”按钮,单击它们可以执行相应的操作。

**4. 功能选项卡和功能区**

功能选项卡和功能区是对应的关系。打开某个选项卡即可打开相应的功能区,在功能区中有许多自动适应窗口大小的工具栏,其中提供了常用的命令按钮或列表。有的工具栏右下角会有一个功能扩展按钮,单击某个工具栏中的功能扩展按钮可以打开相关的对话框或任务窗格进行更详细的设置。

**5. “功能区最小化”按钮**

“功能区最小化”按钮在功能选项卡的右侧,单击该按钮,可显示或隐藏功能区,功能区被隐藏时仅显示功能选项卡名称。

#### 6. "帮助"按钮

单击"帮助"按钮可打开相应的组件帮助窗格,在其中可查找到需要的帮助信息。

#### 7. 文档编辑区

文档编辑区是 Visio 中最大也是最重要的部分,所有的绘图操作都将在该区域中完成。在文档编辑区的左侧和上侧都有标尺,其作用为确定文档在屏幕及纸张上的位置。在文档编辑区的右侧和底部都有滚动条,当文档在编辑区内只显示了部分内容时,可以通过拖动滚动条来显示其他内容。

#### 8. 状态栏和视图栏

状态栏和视图栏位于操作界面的最下方,状态栏主要用于显示与当前工作有关的信息。视图栏主要用于切换文档视图的版式。

#### 9. 缩放比例工具

缩放比例工具位于视图栏的右侧,通过它可以缩放文档的显示比例。

## 12.1.3 案例1:利用 Visio 2013 绘制单位组织结构图

制作单位组织结构图,在 Visio 2013 中专门为用户提供了"组织结构图向导"模板,在该模板中包含了组织结构图设计过程中所需要的各个元素。有了这个模板就可以方便、快捷地来制作单位组织结构图了。本案例就是利用该模板制作某公司的组织结构图,如图 12-6 所示。

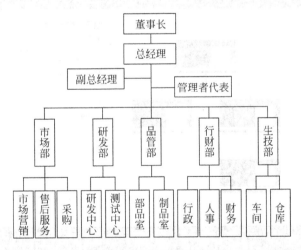

图 12-6　组织结构框图

(1) 在计算机上打开 Microsoft Visio 2013 绘图软件,就会看到很多系统联机模板,如图 12-7 所示。

(2) 在启动界面中选择"组织结构图向导",如图 12-8 所示。

(3) 在"组织结构图向导"中单击"创建"按钮,这时会弹出"组织结构图向导"对话框,询问根据什么样的信息来源渠道创建组织结构图。如果已经有存储好的组织结构信息,

图 12-7　Visio 启动界面

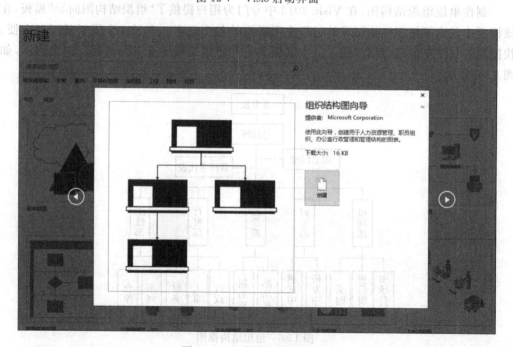

图 12-8　组织结构图向导(2)

可以根据提示选择相应的导入形式；如果没有现成的组织结构信息，单击"取消"按钮进行自主绘制。本案例单击"取消"按钮，如图 12-9 所示。

（4）进入编辑界面，可以把屏幕左侧的组织结构图形状选择好后按住鼠标左键拖曳到屏幕中间的绘制区，如图 12-10 所示。然后双击拖曳过来的组织结构框，就可以在框内写字，字体的大小、颜色及是否加粗等操作可以在屏幕上方调整，如图 12-10 所示。

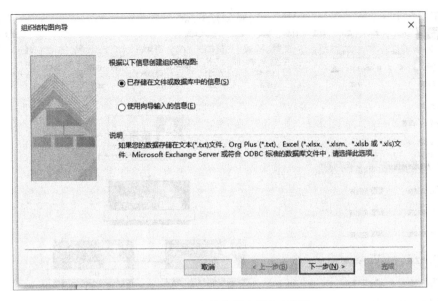

图 12-9 "组织结构图向导"对话框

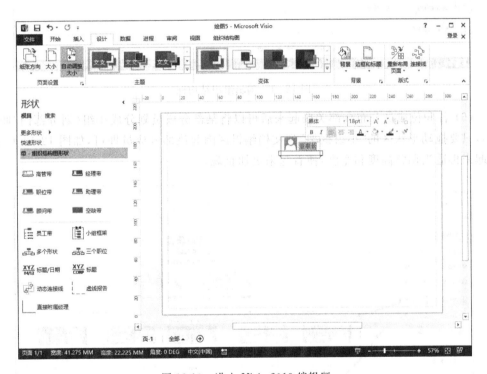

图 12-10 进入 Visio 2013 编辑区

(5) 选择"动态连接线"选项,将组织按照实际需求连接到一起,如果左边形状区有各种岗位的图形框架,可以根据公司人力部署的情况拖动对应岗位的形状到文档编辑区。值得注意的是,如果一个领导下有若干个职位成员,可以直接拖动若干个成员形状到领导的形状当中,Visio 会自动关联成上下级关系,如图 12-11 所示。

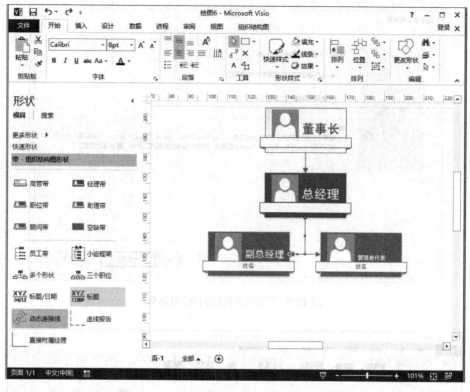

图 12-11　编辑组织结构框

（6）各职位成员分布全部关联起来后可以将某部分成员划分成小组（划分部门/职能室），只要拖动形状区的"小组框架"到文档编辑区围起该部分成员即可，如图 12-12 所示。围起来再适当调整高度和宽度，使看起来更加直观。

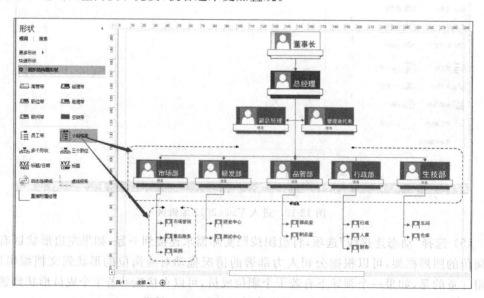

图 12-12　编辑分组

（7）利用好文档编辑区的功能，对框体颜色、线条颜色和字体进行调整，可以使整个组织结构图更美观，如图 12-13 所示。

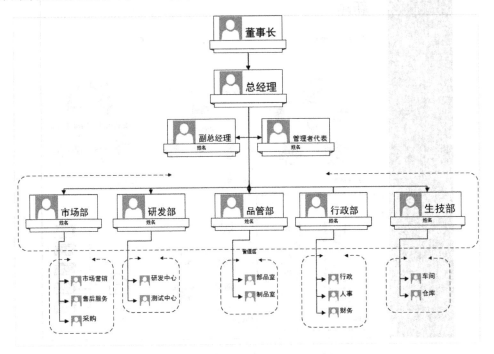

图 12-13　Visio 组织结构图

## 12.1.4　案例 2：校园网网站机房机架图

机房机架图是一种由网络节点设备和机架式安装设备组合的网络结构图，机房机架图可以清楚地表明该机房内各种设备之间的逻辑关系，能更直观地了解机房机柜内设备关系，方便管理与维护。下面将通过使用 Visio 2013 中的机架模板，来绘制"小型校园网网站机房机架图"。

（1）首先启动 Visio 2013 组件，在"模板类别"窗口中单击"网络"模板内的"机架图"图标，如图 12-14 所示。

（2）单击"创建"按钮，然后设置页面大小为 A4，纸张方向为"横向"，并单击"背景"下拉按钮，在下拉菜单中选择"技术"背景，"主题"选择 Office，如图 12-15 所示。

（3）为了使绘制的图形更真实，在"形状"窗格中依次选择"更多形状"→"网络"命令，选择相关机架图形类，如图 12-16 所示。

（4）单击"边框和标题"按钮，选择"都市"边框和标题样式，如图 12-17 所示，并在"背景-1"页面的标题栏中输入"校园网网站机房机架图"。

（5）为了更好地布置网络设备机房，添加"墙壁和门窗"模具，将模具中的"墙壁""窗户"和"门"形状拖至绘图页中，并放置在相应的位置。然后将"网络房间元素"模具中的"桌子"和"椅子"形状拖至绘图页中，并放置在相应的位置，如图 12-18 所示。

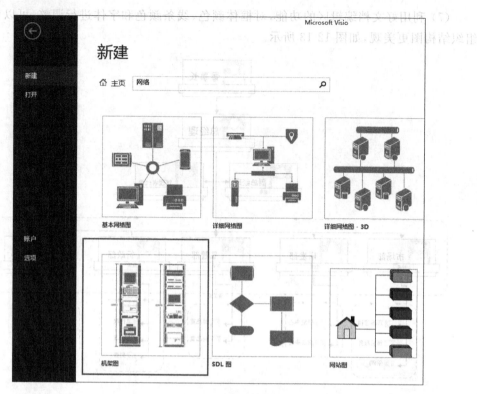

图 12-14　选择网络中的机架图

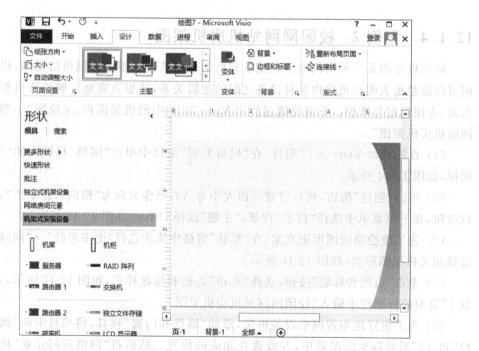

图 12-15　环境参数设置

图 12-16　添加更多形状

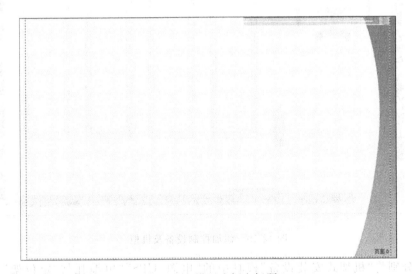

图 12-17　设置边框和标题

　　（6）将"独立式机架设备"模具中的"便捷"和"打印机"形状拖至绘图页中，并放置在
"桌子"形状上。然后，分别将 4 个"机架式安装设备"模具中的"机柜"形状拖至绘图页中，
并放置在相应的位置，如图 12-19 所示。

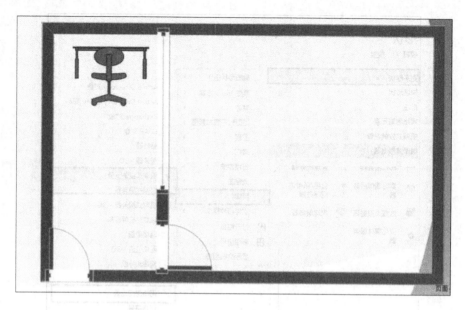

图 12-18    里外套间的机房

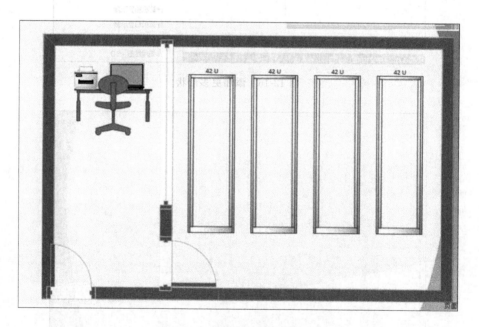

图 12-19    添加控制设备及机柜

（7）分别将"机架式安装设备"模具中的"电源/UPS""电缆托架/定位架""架""交换机""路由器"等形状拖至"机柜"形状中，并按相应的顺序进行放置。然后，再将"独立式机架设备"模具中的"便携"形状拖至"机柜"形状中，并放置在"架"形状上，如图 12-20 所示。

（8）将"机架式安装设备"模具中的"电源/UPS""架""键盘托架"和"服务器"形状拖

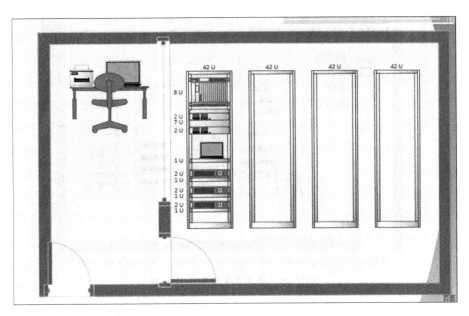

图 12-20　第 1 个机柜设备上架

至第 2 个"机柜"形状中,并根据相应的顺序排放好。然后再将"独立式机架设备"模具中的"显示器"形状拖至"机柜"形状中,并放置在"架"形状上,如图 12-21 所示。

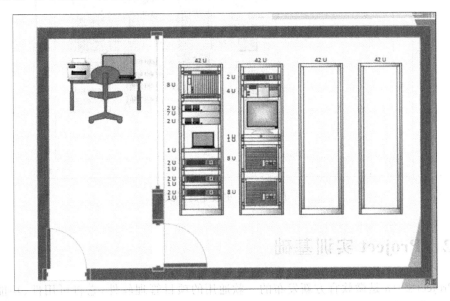

图 12-21　第 2 个机柜设备上架

(9) 按照相同的方法,依次将"电源/UPS""显示器""架""键盘托架""服务器"和"RAID 阵列"拖至第 3 个和第 4 个"机柜"形状中,按需求放置在相应的位置上,如图 12-22 所示。更改主题样式如图 12-23 所示。

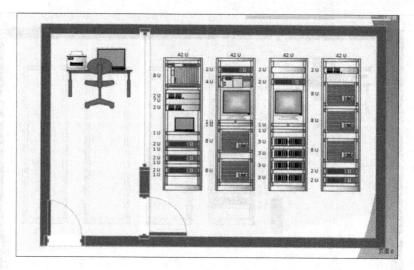

图 12-22　第 3、4 个机柜设备上架

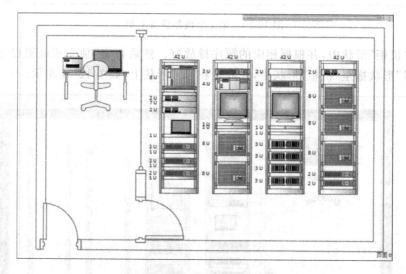

图 12-23　更改主题样式

## 12.2　Project 实训基础

　　Project 2013 是微软官方新发布的一款通用的项目管理软件,它将可用性、功能性和灵活性完美地融合在一起,能够帮助项目管理者实现时间、资源、成本的计划与控制。利用 Project 2013 用户可以制作出各种实用的计划项目,其中包括活动计划、合并或收购评估、新产品上市、年度报表准备、营销活动计划、创建预算、挣值、客户服务等。

　　Project 是 Microsoft 公司推出的一款项目管理软件,使用该软件可以一致而高效地安排项目任务和资源,跟踪项目的工期、成本和资源需求,以标准、美观的格式形象、具体地呈现项目计划,并可与其他应用程序(如 Microsoft Excel)交换项目信息。目前,Project

有以下版本。

（1）Microsoft Office Project Standard 2013。

（2）Microsoft Office Project Professional 2013。

（3）Microsoft Office Project Server 2013。

Project 2013 中包含多种视图，在视图中编辑、分析和显示项目信息。不同的视图具有不同的用途，它们显示的是同一项目信息集的不同方面。

Project 2013 增强了许多预定义的项目管理模板，并且支持联网下载更多的模板，如图 12-24 所示。

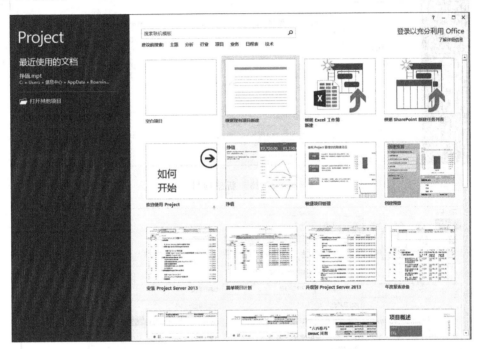

图 12-24　Project 2013 启动界面

使用 Project 软件的最大目的是编制计划与跟踪管理计划，而且为了能够精细化地跟踪计划的变化过程，计划的科学合理的编制是前提条件。下面以学校图书馆信息管理系统为例介绍编制项目计划的基本步骤。

（1）建立新项目并保存。单击"新建"按钮，然后单击空白项目。空白项目另存为"学校图书馆信息管理系统项目计划"，如图 12-25 所示。

（2）设定项目开始时间。单击"项目"→"项目信息"按钮，设置项目开始时间，如图 12-26 所示。

（3）设定项目工作时间。Project 默认的工作时间为周一至周五，一般周六、周日为非工作时间。如果紧急工程中编制进度计划是不考虑周六、周日的。所以要将 Project 中的默认工作时间进行更改，单击"项目"→"更改工作时间"按钮，如图 12-27 所示。

（4）在"更改工作时间"对话框中，选择"工作周"选项卡，单击"详细信息"按钮，选择要更改的时间列，将所选的日期设置为非默认工作时间，在"开始时间"和"结束时间"列进

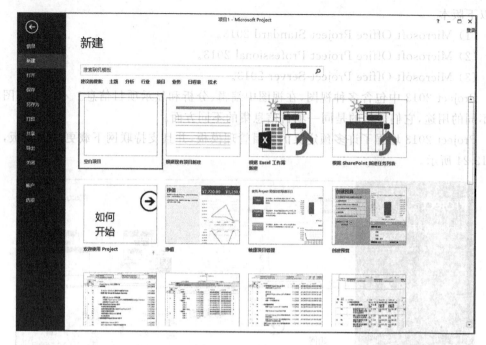

图 12-25　新建项目

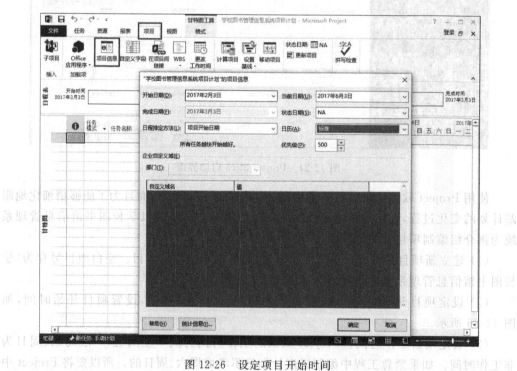

图 12-26　设定项目开始时间

行设置即可。注：非工作时间在 Project 中为灰色显示，工作时间为白色显示，如图 12-28
所示。

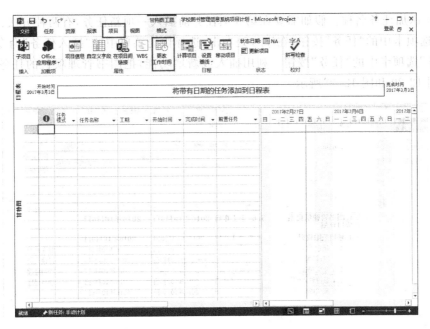

图 12-27　设定项目工作时间(1)

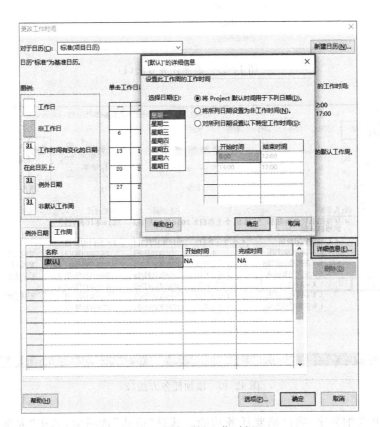

图 12-28　设定项目工作时间(2)

（5）添加任务名称。假如需要在第 5 项任务前插入一项新任务，有两种方法：①单击"任务"选项卡中的"任务"按钮，在序号处右击，选择快捷菜单中的"插入任务"命令；②单击"任务"选项卡中的"任务"按钮。利用插入或新增功能，把图书管理项目的任务输入完成，如图 12-29 和图 12-30 所示。

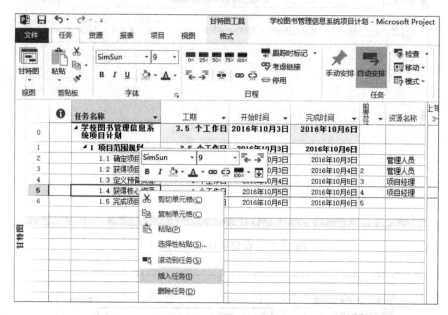

图 12-29　添加任务方法（1）

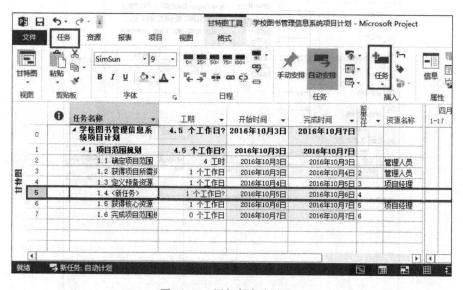

图 12-30　添加任务方法（2）

（6）打开大纲数字、项目摘要任务功能。选择"格式"选项卡，选中"大纲数字""项目摘要任务""摘要任务"复选框，这时就会看到任务处增加了项目整体计划，并且在每个任

务前多了大纲序号。这项功能很重要，有助于帮助我们更清晰地阅读图表，如图 12-31
所示。

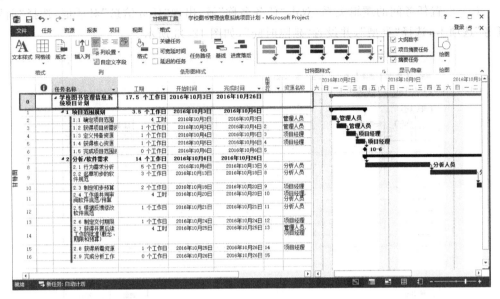

图 12-31　打开大纲数字、项目摘要任务功能

（7）设定任务间的关系，当已经确定需要完成哪些任务时，就可以通过链接相关任
务将其排序。例如，有些任务可能必须在其他任务开始前完成，有些任务可能依赖另
一项任务的开始才能执行。这时选择"任务名称"域中要按所需顺序链接找相邻的两
项或多项任务。要选择不相邻的任务，按住 Ctrl 键并单击任务名称。要选择相邻的任
务，按住 Shift 键并单击希望链接的第一项和最后一项任务。单击"链接任务"按钮 ，
如图 12-32 所示。

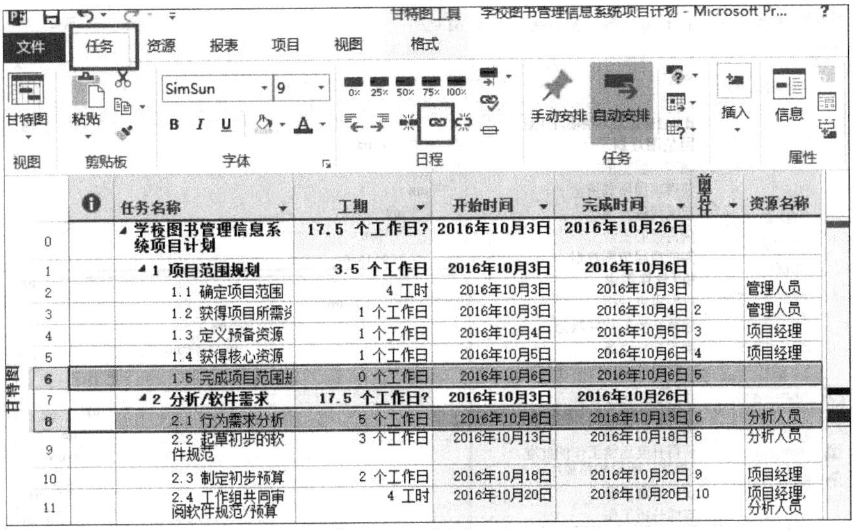

图 12-32　链接任务

（8）如果要取消任务链接，可在"任务名称"域中选中希望取消链接的任务，然后单击"取消任务链接"按钮。该任务将根据与其他任务或限制的链接重排日程。

（9）设置任务间的逻辑关系，双击"任务名称"域，出现"任务信息"对话框，选择"前置任务"选项卡，选择"类型"，并设置"延隔时间"，如图 12-33 所示。

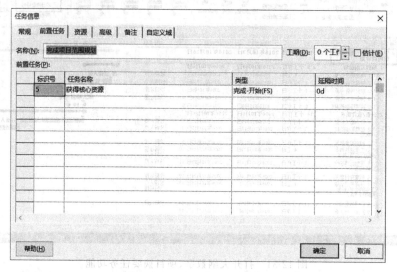

图 12-33　任务间的逻辑关系

（10）关键路径的分析，使用 Project 工具可以清晰地分析关键路径。单击"甘特图"按钮，在下拉菜单中选择"跟踪甘特图"命令，这时在窗口左边会出现粉红色路径和蓝色路径，其中粉红色路径为关键路径，如图 12-34 所示。

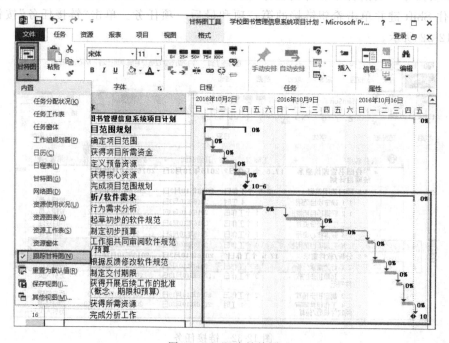

图 12-34　跟踪甘特图

(11) 可以尝试更改关键路径上的工期,会看到总工期会缩短,如图 12-35 所示。

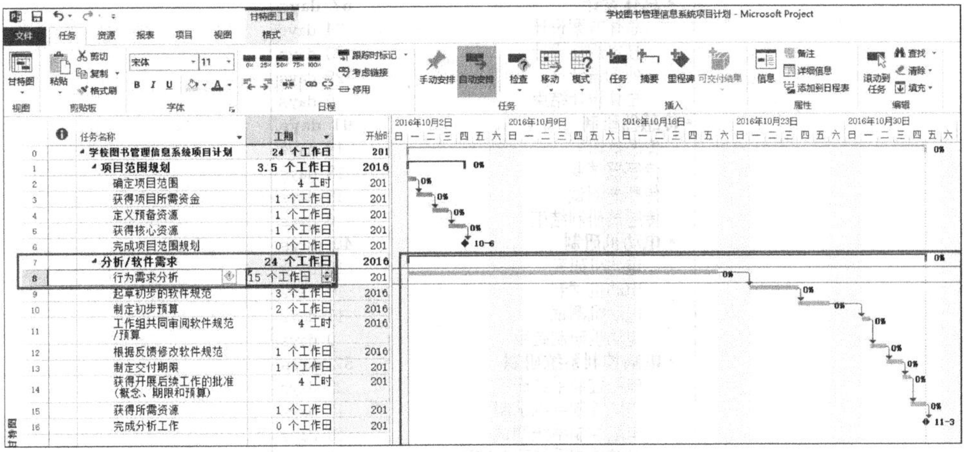

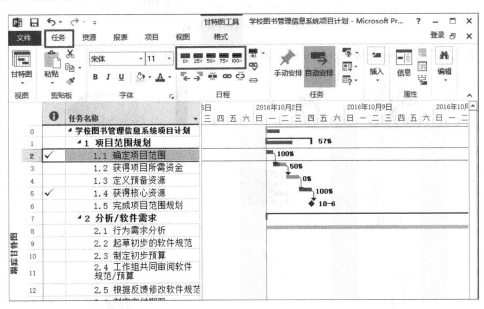

图 12-35　调整关键路径的任务

(12) 调整任务完成比例,选择"任务"选项卡,选择对应的百分百色块。在甘特图上就会有相应的显示,如图 12-36 所示。

图 12-36　调整任务完成比例

(13) 当在 Project 把项目计划完成后,可以选择打印,最终输出精美的图书管理信息系统项目计划。

**【思考题】**

1. 请同学们完成一个机器人研发项目的管理计划,用 Project 软件完成,并分析其关键路径。可以参考图 12-37 中的任务。

| 机器人研发项目 | 67 days |
|---|---|
| ▲ 总体设计 | 67 days |
| 总体方案设计 | 34 days |
| 技术规格设计 | 33 days |
| 外形设计 | 28 days |
| 总体设计结束 | 0 days |
| ▲ 传感器研制 | 91 days |
| 传感器研究 | 19 days |
| 传感器试制 | 18 days |
| 传感器测试 | 18 days |
| 传感器研制结束 | 0 days |
| ▲ 电动机研制 | 40 days |
| 电动机研究 | 19 days |
| 电动机试制 | 10 days |
| 电动机测试 | 11 days |
| 电动机研制结束 | 0 days |
| ▲ 电脑控制系统研制 | 52 days |
| 电脑控制系统研究 | 22 days |
| 电脑控制系统试制 | 17 days |
| 电脑控制系统测试 | 13 days |
| 电脑控制系统研制结束 | 0 days |
| ▲ 总装与测试 | 91 days |
| 总装 | 11 days |
| 总体测试 | 7 days |
| 总装结束 | 0 days |
| 结束 | 0 days |
| | 2 days |

图 12-37　项目管理计划

2. 尝试用 Visio 完成图 12-38 所示的校园网站结构图。

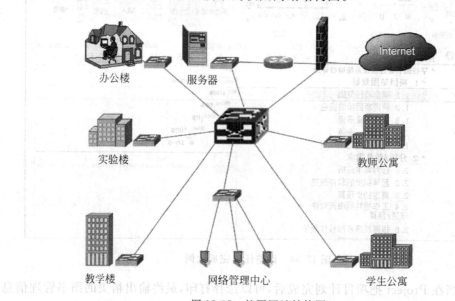

图 12-38　校园网站结构图

# 参考文献

[1] Frederick Brooks. The mythical man-month: essays on software engineering[M]. 20th Anniversary Edition. New Jersey: Addison-Wesley, 1995.

[2] 王强, 曹汉平, 木林森. IT 软件项目管理[M]. 北京: 清华大学出版社, 2004.

[3] 刘慧, 陈虔. IT 执行力——IT 项目管理实践[M]. 北京: 电子工业出版社, 2004.

[4] 鲁耀斌. 项目管理——过程、方法与务实[M]. 大连: 东北财经大学出版社, 2008.

[5] 牟文, 徐玖平. 项目成本管理[M]. 北京: 经济管理出版社, 2008.

[6] 卢向南. 项目计划与控制[M]. 北京: 机械工业出版社, 2009.

[7] 孙裕君. 现代项目管理学[M]. 北京: 科学出版社, 2010.

[8] 哈罗德·科兹纳. 项目管理: 计划、进度和控制的系统方法[M]. 杨爱华, 译. 10 版. 北京: 电子工业出版社, 2010.

[9] 沈建明. 项目风险管理[M]. 2 版. 北京: 机械工业出版社, 2010.

[10] 吴军华. 软件工程理论、方法与实践[M]. 西安: 西安电子科技大学出版社, 2010.

[11] 凯西·施瓦尔贝. IT 项目管理[M]. 杨坤, 译. 6 版. 北京: 机械工业出版社, 2011.

[12] 王保强. IT 项目管理那些事儿[M]. 北京: 电子工业出版社, 2011.

[13] 孙军. 项目管理[M]. 北京: 电子工业出版社, 2011.

[14] 强茂山, 王佳宁. 项目管理案例[M]. 北京: 清华大学出版社, 2011.

[15] 卢有杰. 现代项目管理学[M]. 3 版. 北京: 首都经济贸易大学出版社, 2011.

[16] 周小辉. 软件过程之美: 软件配置管理策略及主流工具实战[M]. 北京: 电子工业出版社, 2011.

[17] 殷焕武. 项目管理导论[M]. 3 版. 北京: 机械工业出版社, 2012.

[18] 赵丽坤. 项目管理软技术[M]. 北京: 电子工业出版社, 2012.

[19] 邱菀华. 现代项目管理学[M]. 3 版. 北京: 科学出版社, 2013.

[20] 吕广革. 项目管理[M]. 北京: 电子工业出版社, 2013.

[21] 美国项目管理协会(PMI). 项目管理知识体系指南[M]. 许江林, 译. 5 版. 北京: 电子工业出版社, 2013.

[22] 朱少民, 韩莹. 软件项目管理[M]. 2 版. 北京: 人民邮电出版社, 2015.

[23] 李英龙, 毛家发. 软件项目管理实用教程[M]. 北京: 人民邮电出版社, 2015.

[24] 刘海, 周元哲. 软件项目管理实用教程[M]. 北京: 人民邮电出版社, 2015.

[25] 韩万江, 姜立新. 软件项目管理案例教程[M]. 3 版. 北京: 机械工业出版社, 2016.

**推荐网站:**

[1] 项目管理者联盟, http://www.mypm.net.

[2] 中国项目管理网, http://www.project.net.cn.

[3] 中国项目管理资源网, http://www.leadge.com.

[4] 中国项目管理信息网(现代卓越), http://www.cpmi.org.cn/cn/index.asp.

[5] 项目管理网, http://www.chinapmp.cn/.

[6] 设计网站大全, http://www.vipsheji.cn/.

[7] 互联远程教育网, http://dx.21hulian.com.

[8] 信息化在线, http://it.mie168.com.

[9] 网易学院, http://design.yesky.com.

[10] 中国教程网, http://bbs.jcwcn.com.

# 项目管理常用的英文缩写

SOW：工作说明书

CCB：变更控制委员会

QC：质量控制

RBS：资源分解结构

RAM：责任分配矩阵

ADM：箭头图

PERT：项目评审技术

NPV：净现值

EAC：完工估算

PMIS：项目管理信息系统

QA：质量保证

OBS：组织分解结构

RBS：风险分解结构

PDM：前导图

CPM：关键路径法

IRR：内部收益率

EMV：期望货币价值

ETC：完工剩余估算

清华社官方微信号

扫 我 有 惊 喜

ISBN 978-7-302-50028-5

9 787302 500285 >

定价：49.00元